U0146733

[瑞士] 荣格————————著 中央编译翻译服务组————————译

# 梦，接近无意识

中央编译出版社

CCTP Central Compilation & Translation Press

图书在版编目 (CIP) 数据

　　梦，接近无意识 / （瑞士）荣格著；中央编译翻译服务组
译 . —北京：中央编译出版社，2023.6
　　ISBN 978-7-5117-4402-9

　　Ⅰ . ①梦… 　Ⅱ . ①荣… 　②中… 　Ⅲ . ①梦 – 精神分析
研究 　Ⅳ . ① B845.1

中国国家版本馆 CIP 数据核字 (2023) 第 063022 号

**梦，接近无意识**

| | | |
|---|---|---|
| **责任编辑** | 周孟颖 | |
| **责任印制** | 刘　慧 | |
| **出版发行** | 中央编译出版社 | |
| **地　　址** | 北京市海淀区北四环西路 69 号 (100080) | |
| **电　　话** | (010)55627391( 总编室 ) | (010)55627318( 编辑室 ) |
| | (010)55627320( 发行部 ) | (010)55627377( 新技术部 ) |
| **经　　销** | 全国新华书店 | |
| **印　　刷** | 佳兴达印刷（天津）有限公司 | |
| **开　　本** | 880 毫米 ×1230 毫米　1/32 | |
| **字　　数** | 79 千字 | |
| **印　　张** | 6 | |
| **版　　次** | 2023 年 6 月第 1 版 | |
| **印　　次** | 2023 年 6 月第 1 次印刷 | |
| **定　　价** | 39.00 元 | |

**新浪微博：** @ 中央编译出版社　　**微　　信：** 中央编译出版社 (ID：cctphome)
**淘宝店铺：** 中央编译出版社直销店 (http：//shop108367160.taobao.com) (010)556273

**本社常年法律顾问：北京市吴栾赵阎律师事务所律师　闫军　梁勤**
凡有印装质量问题，本社负责调换。电话：(010)55626985

# 出版前言

　　荣格的《金花的秘密》和《未发现的自我》在中央编译出版社出版后，引起国内读者的广泛关注，其中不乏心理学爱好者、心灵探索者，以及荣格心理学的研究者。

　　这两本书之所以广受关注，原因正如它们的名字所指出的——"秘密""未发现"，这是荣格向人类发出探索潜在奥秘的邀请。荣格曾感叹，在人类历史上，人们把所有精力都倾注于研究自然，而对人的精神研究却很少，在对外界自然的探索中，人类逐渐迷失自我，被时代裹挟，被无意识吞噬……

　　为了更好地向读者介绍荣格心理学，中央编译出版社选取荣格文献中的精华篇章，切入荣格关于梦、原型、东洋智慧、潜意识、成长过程等方面的心理问题、类型问题、心理治疗等相关主题内容，经由有关专家学者翻译，以"荣格心理学经典译丛"为丛书名呈现出来。此外，书中许多精美插图均来自于不同时期荣格的相关著作，部分是在中国书刊中首次出现，与书中内容相配合，将带给读者不一样的视觉与心灵冲击。

多年来，中央编译出版社注重引进国外有影响的哲学社会科学著作，其中有相当一部分是心理学方面的著作，目前已形成比较完整的心理学著作体系，既有心理学基础理论读物，又有心理学大众普及读物，可谓种类丰富、名家荟萃。我们希望这套丛书的推出，能够为喜欢荣格心理学的读者和心理学研究者，提供一套系统、权威的读本，也带来更好的阅读体验。译文不当之处，敬请批评指正。

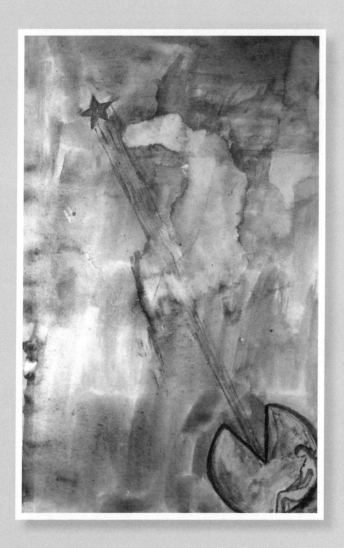

# 目 录

第 一 章

梦的重要性

人类使用口头或者书面的语言来表达其所表之意。人类的语言之中充满了象征，而且时常也使用一些符号或意象来非准确性地表述。有一些仅仅是缩略形式或首字母串，诸如 UN、UNICEF、UNESCO ；其余的则是我们熟知的商标、专利药物名称、徽章抑或标志。虽然这些词本身并没有任何的意义，但它们已经通过常用用法或约定俗成的方式获得了一种可识别的意义。这些词语仅仅是用来表示它们所依附的对象的符号，而并非是象征。

我们所说的象征，是在日常生活中可能熟悉的一个术语、一个名字，甚至是一幅图画。它除了具有常规的、明显的意义外，还具有特定的内涵。它暗指一些模糊的、未知的或有所隐藏的东西。例如，众所周知，许多克里特岛的纪念碑上都有用双手斧砍下的标记，但我们不知道它的象征意义。再举一个例子，有一个印度人，他参观了英国之后，告诉他国内的朋友，英国人崇拜动物，因为他在古老的教堂里发现了鹰、狮子和牛。他不知道（很多基督徒也不知道）这些动物是福音派的象征，源自以西结的异象，而这又与埃及太阳神荷鲁斯和他的四个儿子相类似。此外，像轮子和十字架这样的物体在世界各地都是众所周知的，但在某些特定的条件下具有象征意义。它们究竟象征着什么，仍然是一个颇有争议的猜测。

因此，当一个词或一个意象暗指其明显而直接的含义之外更多的意思时，它就是象征性的。它具有一个更广泛的"无意识"层面，从来没有被精确地定义或充分地解释。当然，人们也不可能定义或解释它。当我们的思想探索这个符号时，会被引导到一些理性所无法理解的想法。车轮可能会把我们的思想引向"神圣"太阳的概念，但在这一点上理性必须承认它的无能，人类无法定义"神圣"的存在。当我们出于智力上的局限，把某样东西称为"神圣"时，我们只是赋予了它一个名字。这个名字或许是基于信条，但从来没有事实的依据。

在沙特尔大教堂的浮雕中，四位福音传教士中有三位是以动物的形象出现的。其中，狮子是马克，牛是卢克，鹰是约翰。

由于有许多的事物超出了人类的理解范围，所以我们不断地用符号术语来表示那些我们无法去定义或完全理解的概念。这就是为什么所有宗教都使用象征性语言或形象的原因之一。但是，这种有意识地使用符号只是心理学重要的一个方面。人类也会无意识地、自发地以梦的形式产生符号。

要理解这一点，并非易事。但是，倘若我们想要更多地了解人类思维的运作方式，就必须理解这一点。如果我们反思片刻，就会发现人类从来没有完全感知或完全理解过任何事情。他能看、能听、能摸、能尝。但是，他看得有多远，听得有多清，摸到了什么，尝到了什么，这些都取决于他感官的数量和质量。这些限制了他对周围世界的感知。通过使用科学仪器，他可以弥补一部分感官上的缺陷。例如，他可以用双筒望远镜扩大他的视野范围，或者用电子放大装置扩大他的听力范围。但是，即使是最精密的仪器，也只能把远处或细小的物体带入他的视线范围内，或者使微弱的声音更容易被听到。无论他使用什么工具，总有一刻，他会到达一个确定的边界，而意识的知识是无法逾越这个边界的。

此外，我们对现实的感知还有无意识的方

■　埃及神荷鲁斯的三个儿子都是动物（公元前1250年）。动物和"四个一组"是普遍的宗教象征。

面。第一个事实是，即使我们的感官对真实的现象、景象和声音作出反应，它们也会以某种方式从现实领域转化为思想领域。在头脑中，它们成为了精神事件，其根本性质是不可知的（因为心灵无法知道自己的精神实质）。

因此，每一种经验都包含着无限多的未知因素，更不必说每一具体对象在某些方面总是未知的，因为我们无法知道物质本身的根本性质。

还有一些事件，我们并没有有意识地注意到。也可以说，它们一直处于意识的阈值之下。它们确实发生了，但在我们无意识的情况下，它们被潜意识吸收了。我们只能在瞬间的直觉中，或通过深刻的思考过程来意识到这些事情一定发生过。虽然我们一开始可能忽略了它们在情感上的重要性，但之后它会作为一种事后的想法从潜意识中涌出。

例如，它可能以梦的形式出现。一般来说，任何事件的无意识方面都会在梦境中向我们揭示。在梦境中，它不是作为理性的思考，而是作为一种象征性的形象出现。就历史而言，正是对梦的研究才使得心理学家第一次能够研究有意识的心理事件的无意识方面。

正是基于这样的证据，心理学家假定无意识精神的存在——尽管许多科学家和哲学家否认它的存在。他们天真地认为，这样的假设暗示了两个"主体"的存在，或者（用通俗的说法）在同一个个体中存在两个人格。但这正是它所暗示的——非常正确。这是现代人的一个诅咒，许多人遭受这种分裂的人格。这绝不是一种病理症状，而是随时随地都能观察到的正常现象。不仅仅是神经质病人的右手不知道左手在做什么。这种困境是一种普遍意识的共同症状，这是全人类不可否认的遗传。

人类缓慢而艰难地发展意识，这个过程历经了漫长的岁月才达到一种文明的状态（可任意确定时间，从公元前 4000 年左右文字发明开始算起）。而且这种进化还远未完成，因为人类大脑的大部分区域仍然笼罩在"黑暗"之中。我们所说的"心灵"与我们的意识及其内容绝不是相同的。

实际上，谁否认无意识的存在，谁就是认为我们目前对心灵的认识是全面的。显然，这种观点和我们对自然宇宙所知甚多的假设一样是错误的。我们的心灵是本性的一部分，它的奥秘是无限的。因此，我们既不能定义心灵，也不能定义本性。我们只能陈述我们认为它们是什么，并尽我们所能去描述它们是如何运作的。因此，撇开医学研究积累的证据不谈，有强大的逻辑基础来拒绝诸如"没有无意识"这样的陈述。那些说这些话的人只是表达了一种古老的"恐新症"——对新事物和未知事物的恐惧。

这种对人类心灵未知部分的抵触是有历史原因的。意识是新近获得的特性，它仍然处于"实验"状态。它是脆弱的，受到特定危险的威胁，并且很容易受伤。正如人类学家所指出的，这是一种最常见的精神错乱。这种情况发生在原始人身上，他们称之为"灵魂的丧失"。顾名思义，这意味着意识的明显中断（或者更专业地说，分离）。

在这些人当中，他们的意识与我们处于不同的发展水平。"灵魂"（或心灵）对他们而言，并不是一个整体。许多原始人认为，一个人除了他自己的灵魂外，还有一个"丛林灵魂"。这个丛林灵魂化身为一种野生动物或一棵树，拥有了它，人类个体就获得了某种精神身份。这就是著名的法国民族学家路先·列维－布留尔所说的"神秘的参与"。他后来迫于批评的压力收回了这一说法，但我认为，批评他的人错了。这是一个众所周知的心理学事实，一个人可能拥有一种带有其他一些人或物的无意识的身份。

这种身份在原始人中具有各种各样的形式。如果丛林灵魂是一种动物的灵魂，那么动物本身就被认为是人类的某个兄弟。例如，如果一个人的兄弟是鳄鱼，那么在有鳄鱼出没的河里游泳就

■ "分离"指的是精神上的分裂导致的一种神经症。苏格兰作家罗伯特·路易斯·史蒂文森(R.L.Stevenson)创作的《化身博士》(*Dr. Jekyll and Mr. Hyde*)是一个著名的虚构例子。在故事中，杰基尔的"分裂"表现在身体上的变化，而不是（在现实中）内在的精神状态。上图是海德先生——杰基尔的"另一半"（出自1932年的同名电影）。

被认为是安全的。如果丛林灵魂是一棵树，那么这棵树就被认为对相关的个人具有类似于父母权威的东西。在这两种情况下，对丛林灵魂的伤害都被解释为对这个人的伤害。

在一些部落中，人们认为一个人有许多灵

魂。这种信念表达了一些原始个体的感觉，即他们每个人都由几个相互联系但截然不同的单元组成。这意味着个体的心理远不能安全合成；相反，在不受控制的情绪的冲击下，它很容易分裂。

虽然从人类学家的研究中我们对这种情况很熟悉，但它与我们自己的先进文明看起来并非那么不相干。我们也会变得分离，失去我们的身份。我们可能会被情绪左右或改变，或者变得不可理喻，并且无法回忆起关于自己或他人的重要事情，以至于人们会问："你到底是怎么了？"我们谈论能够"控制自己"，但自我控制是一种罕见而卓越的美德。我们可能认为我们可以控制自己；然而，一位朋友可以很容易地告诉我们自己的一些事情，而我们自己却对此一无所知。

毫无疑问，即使在我们所谓的高度文明中，人类的意识也还没有达到合理程度的连续性。它仍然很脆弱，容易分裂。这种能够将一个人的部分思想隔离开来的能力，确实是一种宝贵的特性。它使我们能够一次专注于一件事，而不去理会其他可能引起我们注意的事情。但是，一个有意识的决定去分裂和暂时压抑一个人心灵的一部分，和一个在不知情、不同意，甚至违背自己意愿的情况下自发发生的情况之间存在着天壤之别。前者是文明的成就，后者是原始的"灵魂的丧失"，甚至是神经症的病理原因。

因此，即使在我们的时代，意识的统一仍然是一件令人怀疑的事情，它很容易被破坏。控制自己的情绪的能力，从一个角度来看可能是非常可取的，但从另一个角度来看却是值得怀疑的成就，因为它会使社会交往失去多样性、色彩性和温暖性。

正是在这样的背景下，我们必须重新审视梦的重要性——那些脆弱的、闪躲的、不可靠的、模糊的和飘忽的幻想。为了解释我的观点，我想描述一下梦是如何在一段时间内发展起来的，以及我是如何得出这样的结论——梦是研究人类象征性能力最常见、最普遍的来源。

西格蒙德·弗洛伊德是第一个尝试用经验来探索意识的无意识背景的先驱。他的研究基于一个普遍的假设，即梦不是偶然的，而是与有意识的想法和问题有关。这个假设一点也不武断。它是基于一些著名神经学家（如皮埃尔·珍妮特）的结论，即神经症状与一些有意识的经验有关。它们甚至似乎是意识思维的分裂区域，在不同的时间和条件下，这些区域可能是有意识的。

在本世纪初之前，弗洛伊德和约瑟夫·布洛伊尔已经认识到，神经症症状——歇斯底里、某些类型的疼痛和异常行为——实际上具有象征意义。它们是潜意识表达自己的一种方式，就像在梦里一样。当然，它们同样具有象征意义。例如，一个病人，此时他正面临着一种无法忍受的情况，他可能会在试图吞咽时出现痉挛，就是指他"无法吞咽"。在类似的心理压力条件下，另一名病人突发哮喘，就是说他"无法呼吸家里的空气"。第三个人患有一种特殊的腿麻痹症，他无法走路，也就是说，"他不能再走了"。第四个人吃饭时会呕吐，"消化不了"一些令人不快的事情。诸如此类的例子，委实不胜枚举。但这种身体反应，只是困扰我们的问题在不知不觉中表现出来的一种形式。它们更多的是在我们的梦境中得到表达。

任何一个听过许多人描述他们的梦的心理学家都知道，相比于神经症的身体症状，梦的符号更加多样化。它们通常包含精心设计和如画般的幻想。但是，如果面对这些梦境材料的分析师使用弗洛伊德最初的"自由联想"技术，他发现梦最终可以被简化为某些基本模式。这项技术在精神分析的发展中发挥了重要的作用，因为它使得弗洛伊德能够以梦作为研究起点，从而探索病人的无意识问题。

弗洛伊德曾做过一个简单而深刻的观察。如果去鼓励一个做梦的人继续谈论他梦中的画面和这些画面在他脑海中激发的思想，他就会暴露自己，并从其所说内容和刻意省略内容两个方面揭示了其疾病的无意识背景。他的想法似乎看起来是那么地不合理又不相关，但一段时间后，便会相对容易地明白他试图逃避的是什么，他所压抑的是何种不愉快的想法或经历。无论他如何掩饰，他所说的一切都指向了他困境的根本所在。一个医生从生活的阴暗面看到了如此多的事情，以至于当他把病人的暗示解释为良心不安的迹象时，

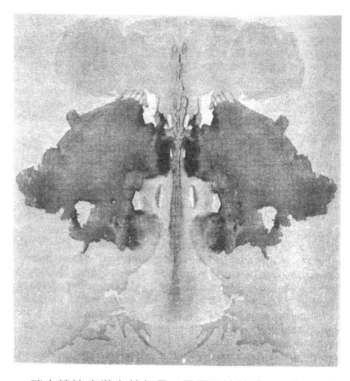

瑞士精神病学家赫尔曼·罗夏设计的"墨迹"测试。印迹的形状可以作为自由联想的刺激。事实上，几乎任何不规则的自由形状都能激发联想过程。列奥纳多·达·芬奇在他的笔记本中写道："有时候，停下来看看墙上的污迹、火的灰烬、云朵、泥土或类似……的地方，你可能会发现真正奇妙的想法。这对你来说，应该不是一件难事。"

他很少会远离真相。不幸的是，他最终的发现证实了他的预期。到目前为止，没有人能反驳弗洛伊德的压抑理论和愿望实现作为梦的象征意义的明显原因。

弗洛伊德特别重视梦是"自由联想"过程的起始点。但过了一段时间，我开始觉得这是对无意识在睡眠中产生的丰富幻想的一种误导和不充分的使用。当一位同事告诉我他在俄罗斯坐火车长途旅行时的一次经历时，我才真正开始怀疑。虽然他不懂当地的语言，甚至连西里尔字母也看不懂，但他却对写在铁路告示牌上的那些奇怪的字母念念不忘，陷入了遐想之中，想象着这些字母的各种含义。

一幕接一幕。怀着轻松的心情，他发现这种"自由联想"勾起了许多往日的回忆。在这些回忆里，他恼火地发现了一些令人不快的话题，它们深藏已久。他曾希望忘掉它们，而且已经有意识地忘掉了。事实上，他已经达到了心理学家所说的"情结"——也就是说，被压抑的情感主题会导致持续的心理障碍，甚至在许多情况下，会导致神经症的症状。

　　这段插曲让我明白了一个事实，如果想要发现一个病人的情结，没有必要把梦作为"自由联想"过程的起点。它告诉我，一个人可以从指南针的任何一点直接到达中心。人们可以从西里尔字母开始，从对水晶球、转经轮或一幅现代绘画的冥想开始，甚至从对一些琐碎事件的随意交谈开始。在这个方面，梦并不比任何其他可能的起点有用处。虽是如此，梦还是有其特殊的意义。尽管梦通常源起于情感上的不安，其中也涉及到习惯性情结。（习惯性情结是心灵的痛点，对外界刺激或干扰反应最快。）这就是自由联想可以把一个人从一场梦里引导到批判性冥思之中的原因所在。

　　然而，此刻我突然想到（如果到目前为止我是正确的），梦本身可能有一些更重要的特殊功能。很多时候，梦都有一个带有明显目的性的明确结构，表明一个潜在的想法或意图。然而，这种意图通常是无法被立即理解的。因此，我开始考虑，一个人是否应该更多地关注梦的实际形式和内容，而不是让这种"自由"的联想把一个人从一连串的想法引向可以通过其他方式便可轻松达到的复杂思想。

这个新思想是我心理学发展的一个转折点。这意味着我逐渐放弃追随那些远离梦境内容的联想。我选择了专注于与梦本身的联系，相信后者表达了无意识所试图传递的某些具体的东西。

我对梦的态度的改变涉及到了方法的改变。这个新方法可以考虑到梦的各个方面。由意识讲述的故事有开始、发展和结束，但于梦而言，却并非如此。它在时间和空间上的维度是完全不同的。要理解这点，你就必须从各个方面来研究它——就好比你把一个未知的物体拿在手中，翻来覆去地细细打量，直到你熟悉它的每个细节。

也许我现在的表述已经足以表明我是如何越来越不同意弗洛伊德最初使用的"自由联想"。我想尽可能地触及梦的本身，排除它可能唤起的所有不相干的想法和联想。诚然，这些可能会把人引向病人的情结。但是，与发现引起神经紊乱的情结相比，我心中尚有一个更远大的目标。还有许多其他的方法可以识别这些特征。例如，心理学家可以通过使用词汇联想测试（通过询问病人对一组给定的词汇有什么联想，并研究他的回答）来获得他需要的所有信息。但要了解和理解一个人完整人格的心理活动过程，关键是要意识到梦和梦的象征意象具有更为重要的作用。

例如，几乎每个人都知道，有各种各样的形象可以用来象征性行为（或者，有人可能会说，以寓言的形式来表示）。通过联想的过程，这些意象中的每一个意象都可能让人产生性交的想法，以及任何个人可能对自己的性态度产生的特定情结。但是，人们也可以通过对一组难以理解的俄罗斯字母做白日梦来挖掘这种情结。因此，我认为梦可以包含性寓言之外的一些信息，而且这样做是有明确原因的。

一首中世纪的英国民歌《看守人》强调了猎鹿的性暗示：

> 他错失了第一只他射击的母鹿，
>
> 他亲吻了第二只他打扮的母鹿，

▨ 关于性行为的象征或寓言意象数不胜数，猎鹿就是其中
之一。上图是 16 世纪德国艺术家克拉纳赫的一幅画作
中的一个细节。

第三只母鹿从少年的心中逃离，

她就在那片茂密丛林的绿叶里。

一个人可能会梦见将一把钥匙插进锁里，挥
舞一根沉重的棍棒，或者用攻城木打破一扇门。

每一个意象都可以被视为性寓言。但事实上，他的潜意识有目的性地选择了这些特定的意象之一——它可能是钥匙、棍棒或攻城木，这也具有重要的意义。真正的任务是理解为什么人们更喜欢钥匙，而不是棍棒，或者是攻城木。有时，这甚至可能让人们发现，这根本不是性行为，而是一些完全不同的心理观点。

根据这一推理思路，我得出结论，只有梦里清晰可见的那部分材料才可以用来解释梦。梦也有其局限性。它的特定形式本身告诉我们什么是属于它的，什么是远离它的。当"自由联想"以一种锯齿状的线吸引人们远离那些材料时，由我改进的方法则更像是以梦境的画面为中心的绕行。我围绕着梦境的画面展开工作，不去理会做梦者试图摆脱它的每一次尝试。在我的专业工作中，我不得不一次又一次地重复这句话："让我们回到你的梦。这个梦说明了什么？"

例如，我的一个病人梦见了一个粗俗的女人，她酩酊大醉又衣冠不整。在梦中，这个女人似乎是他的妻子，但在现实生活中，他的妻子则

锁里的钥匙可能是性的象征，但并非一成不变。15世纪佛兰德艺术家坎平的一段祭坛画。门象征着希望，锁象征着慈善，钥匙象征着对上帝的渴望。

与此完全不同。因此，从表面上看，这个梦是极其不真实的。病人立即拒绝它，认为简直就是无稽之谈。如果我作为他的医生，让他开始联想，他必然会尽量远离梦里那些不愉快的暗示。在这种情况下，他会以他的一个主要情结结束——一个可能与他的妻子无关的情结——我们对这个特殊的梦所具有的特殊意义一无所知。

那么，他的无意识通过这样一种明显不真实的陈述想要表达什么呢？显而易见，这在某种程度上表达了一个堕落的女性与做梦者的生活紧密相关的思想。但由于这个形象投射到他的妻子身上是不合理的，事实上也是不真实的，所以我不得不去别处看看寻找线索，才能弄明白这个令人厌恶的形象所代表的是什么。

在中世纪，早在生理学家论证我们的腺结构存在的原因之前，我们每个人都有男性和女性的元素，有人说"每个男人内心都有一个女人"。正是每个男性身上的女性元素，我称之为"女性意象"。这种"女性化"的一面本质上是一种与周围环境，尤其是与女性的某种下等关系。这种关系被小心翼翼地隐藏起来，不为外人所知，也不让自己知道。换句话说，尽管一个人的外在个性看起来很正常，但他很可能对别人——甚至对他自己——隐藏了"内在女人"的可悲状况。

这就是这个病人的情况：他的女性一面不太好。他的梦实际上是在对他说："你在某些方面表现得就像一个堕落的女人。"这给了他一定程度上的打击。（当然，这类例子不能作为无意识与"道德"禁令有关的证据。这个梦并不是在告诉病人要"表现得更好"，而只是在试图平衡他意识思维的不平衡。而这种不平衡一直在维持他是一个完美绅士的假象。）

不难理解为什么做梦的人倾向于忽略甚至否认他们的梦所传达的信息。意识会自然而然地抗拒任何无意识的和未知的东西。我已经指出，在原始民族中存在着人类学家所称的"恐新症"，即一种对新奇事物迷信的深度恐惧。原始人表现了野生动物对不幸事件的所有反应。但"文明"的人对新思想的反应大致相同，建立心理障碍来保护自己不受面对新事物的冲击。当一个人不得不

■ "女性意象"是男性无意识中的女性元素。（它与女性无意识中的"男性意象"将在第三章进行讨论。）这种内在的二元性通常由一个雌雄同体的形象来象征，就像上面这个戴王冠的雌雄同体，它来自17世纪炼金术的一份手稿。

承认一个令人惊讶的想法时，很容易观察到他对自己的梦的反应。许多哲学、科学，甚至文学领域的先驱，都是他们同时代人先天保守主义的受害者。心理学是最年轻的科学之一，因为它试图处理无意识的工作，它不可避免地遇到了一种极端形式的恐新症。

第 二 章

无意识的
来龙去脉

到目前为止，我已经概述了一些有关我处理梦的问题的原则，因为当我们想要研究人类产生象征的能力时，研究证明梦是最容易达到这个目的的最基本的材料。处理梦的两个基本要点是：第一，梦应该被视为一个事实，关于这个事实，我们之前不能做出任何假设，除非它在某种程度上是合理的；第二，梦是无意识的具体表现。

这些原则是再恰当不过了。不管人们对无意识的评价有多低，他必须承认它是值得研究的。无意识至少与虱子处于同一水平，毕竟，昆虫学家对虱子拥有足够持久的兴趣。如果一个对梦缺乏经验和知识的人认为梦只是一些杂乱无章的事件，毫无意义可言，那么他可以自由地这样做。但是，如果假设它们是正常事件（事实上，它们是正常事件），就必然会认为它们或者是因果关系（即它们的存在是有理性原因的），或者以某种方式带有目的性的，或者两者兼而有之。

现在让我们更仔细地探究一下意识和无意识的内容是如何联系在一起的。举一个大家都非常熟悉的例子。尽管你的想法就在刚才还是很清晰明了，但是你发现自己突然想不起接下来要说什么了。再或者，你正要介绍一位朋友，但是他的名字却在你正要说出口的一刹那被忘了。你说你是不记得了，但事实上，这种想法已经变得无意识，或至少暂时脱离了意识。我们的感官也会出现如此同样的现象。如果我们在耳可听及之处听到一个连续的音符，声音似乎在固定的间隔内停止，然后重新开始。这种波动是由于一个人的注意力周期性地减少和增加，而不是由于音符的任何变化。

但是，当某些事物从我们的意识之中一闪而过时，它实则依然存在。就好比一辆汽车在拐角处消失了，消失得无影无踪。它只是存在于我们的视线之外。恰如我们以后可能会再次看到那辆车一样，我们也会偶然遇到一些暂时消失的想法。

因此，无意识的一部分由大量暂时模糊的思

想、印象和图像组成。尽管它们处于消失状态，但仍然继续影响着我们有意识的思维。一个注意力不集中或"心不在焉"的人要穿过房间去拿东西。他停了下来，似乎很困惑，他已经忘记了他要找的是什么。他的手在桌上的物品之间摸索着，仿佛梦游一般。他忘了自己最初的目的，却在无意识中被它所引导。然后，他明白了他想要的是什么。此间，他的无意识刺激了他。

如果你去观察一个神经质病人的行为，你可以看到，他做的许多事情似乎是有意识和有目的性的。然而，如果你问他这些问题，你会发现，他不是没有意识到这些问题，就是有截然不同的想法。他听又未听，他见却未见，他知又不知。如此的例子简直是司空见惯，专家对此很快就意识到，大脑里的无意识内容表现得就如同是有意识的一般。在这种情况下，你永远不能确定思想、言语或行动是否具有意识。

正是这种行为使得许多医生认为歇斯底里病人的陈述是彻头彻尾的谎言而不予理会。与我们大多数人相比，这样的人肯定制造了更多的谎言，但"谎言"这个词用起来并不恰当。事实上，他们的精神状态导致了行为的不确定性，因为他们的意识容易受到无意识的干扰而不可预测地消失。甚至，他们的皮肤感觉也可能揭示出类似的意识波动。在某一时刻，歇斯底里病人可能会感到手臂上有针扎，而下一秒它就可能会悄无声息地消失。如果他的注意力能够集中在某一点上，他的整个身体就能被完全麻醉，直到引起这种感觉中断的紧张感得到些许放松。然后，感觉就立即恢复。然而，他从头到尾全然不知道发生了什么事。

当医生对这样的病人进行催眠时，他可以很清楚地看到这个过程。证明病人对每一个细节都记得一清二楚并不难。手臂上的刺痛或意识减退时的话语都能被准确地回忆起来，就如同没有感觉缺失或"健忘"一般。我记得有一位女士曾经在完全昏迷的状态下被送进诊所。第二天，当她恢复意识时，她知道自己是谁，但不知道自己身在何方，是怎么来的，又为什么来，甚至不知道当天是几月几号。然而，就在我对她进行催眠之后，她告诉了我她为什么会生病，她是如何来到诊所的，以及是谁收留了她。所有的这些细节都是可以去核实的。她甚至能说出她进来的时间，因为她看见门厅里有一面钟表。在催眠的状态下，她的记忆是清晰的，好像她一直都是完全有意识的。

■　在极端的集体歇斯底里症（过去被称为"占有"）的案例中，有意识的头脑和普通的感官知觉似乎黯然失色。巴厘岛人疯狂的剑舞会让舞者陷入恍惚状态，有时还会用武器攻击自己。

当我们讨论这类问题时，我们通常必须利用临床观察提供的证据。出于这个原因，许多评论家认为，无意识及其所有微妙的表现只属于精神病理学的范畴。他们认为，任何无意识的表达都被视为神经质或精神病，与正常的一种精神状态没有任何关系。但神经质现象绝不仅仅是疾病的产物。事实上，它们不过是对正常现象的病态夸张。只是因为它们是夸张的，所以它们比正常的对应物更加明显。在所有正常人的身上都能观察得到这些歇斯底里的症状，但它们极其轻微，通常不被注意。

例如，遗忘是一个正常的过程。在这个过程中，因为一个人的注意力被转移了，所以某些有意识的想法失去了它们特定的能量。当人们的兴趣转向别处时，原来关心的事情就会蒙上阴影。这就好比探照灯照亮了一处新的地方，而把另一处地方留在了黑暗之中。这是无可避免的，因为意识一次只能保持少量完全清晰的图像，而且这种清晰甚至也会波动。

但这些被遗忘的思想并没有消失。尽管它

们不能随意再现，但它们会以一种潜意识状态出现——刚好超过回忆的阈值——它们可以在任何时候自发地再次出现，通常是在已经完全遗忘了多年之后。

这里，我阐述的是我们有意识地看到或听到，然后遗忘的事情。但是，在我们看到、听到、闻到和尝到许多东西的时候，当时却没有注意到它们。这要么是因为我们的注意力转移了，要么是因为它们对我们感官的刺激太过微弱，无法留下有意识的印象。然而，无意识已经注意到了它们，这种无意识知觉在我们的日常生活中扮演着一个重要的角色。在我们没有意识到的情况下，它们影响了我们接物待人的反应方式。

这里举一个我觉得特别能说明问题的例子。这个例子是由一位教授提供的，他和他的一个学生走在乡间，全神贯注地进行着严肃的谈话。突然之间，他发现自己的思绪被一段来自童年早期的记忆莫名其妙地打断了。他无法解释这种分心的原因。他们所说的一切似乎都与这些记忆没有任何联系。回头一看，他看见自己经过了一个农场，这些童年里的初次回忆在他的脑海中浮现出来。他建议他的学生回到刚刚幻想开始的地方。一到那里，他就注意到鹅的气味，他立刻意识到正是这种气味触发了记忆的流动。

他年轻之时曾经住在一个养鹅的农场里，鹅身上特有的气味给他留下了深刻的印象，尽管这种印象已经被遗忘。当他散步经过农场时，他下

在这则广告中，大众汽车商标中的玩具汽车可能会对读者的心灵产生"触发"作用，唤醒读者童年里无意识的记忆。如果这些记忆是愉快的，这种愉快可能会（无意识地）与产品和品牌名称联系在一起。

意识地注意到了那股气味，这种无意识的感觉让他回想起了他早已忘记的童年经历。这种感知是下意识的，因为注意力在其他地方，刺激不够强，无法转移注意力，直接到达意识。然而，它又勾起了那些"被遗忘"的记忆。

这样的"线索"或"触发"效应可以解释神经症症状的发生，以及当一种视觉、嗅觉或声音回忆过去的情况时更良性的记忆。例如，一个女孩可能在她的办公室忙，显然健康和精神良好。过了一会儿，她出现了剧烈的头痛，并表现出其他痛苦的迹象。不知不觉中，她听到了远处一艘船的雾号，这使她不自觉地想起了与情人不幸的分手，她一直在努力地忘掉他。

除了正常的遗忘之外，弗洛伊德还描述了几个涉及不愉快记忆的"遗忘"的案例，这些记忆是人们很容易遗忘的。正如尼采所言，当骄傲足够持久时，记忆就会退让。因此，在丢失的记忆中，我们遇到了不少将它们的潜意识状态（以及它们无法自动复制的能力）归因于它们不愉快和不相容的本性。心理学家称这些为压抑内容。

举一个恰当的例子，一个秘书嫉妒她雇主的一个同事。尽管她使用的名单上清楚地标明了这个人的名字，但她还是习惯性地忘记邀请这个人参加会议。但是，如果在这一点上受到质疑，她只是说她"忘记了"或"被打断了"。她从不承认——甚至对自己也不承认她忽略的真正原因。

许多人错误地高估了意志力的作用，认为他们未决定和未计划的事情是不会出现在他们的头脑中的。但是，一个人必须学会仔细区分头脑中有意和无意的内容。前者源于自我人格，而后者的来源与自我并不完全相同，而是它的"另一面"。正是这个"另一面"，会让这个秘书忘记邀请。

我们会忘记我们注意到或经历过的事情，个中原因有很多。而且，它们被回忆起来的方式也有很多。一个有趣的例子是隐记忆，或"隐藏记忆"。一个作家可能正在按照一个预先设想的计划按部就班地写作，构思出了一个论点或勾勒出了一个故事的主线，这时他突然偏离了主题。

也许他有了一个新的想法，或者是一个不同的形象，或者是一个全新的次要情节。如果你问他是什么原因导致了这个题外话，他是不会告诉你的。尽管他现在创作的材料对他来说是完全新鲜的，显然是他以前不知道的，但他却甚至可能没有注意到这种变化。然而，有时可以充分地表明，他的作品与另一位作家的作品有着惊人的相似之处，而这部作品他认为自己从未见过。

我在尼采的《查拉图斯特拉如是说》中发现了一个有趣的例子，作者几乎一字不差地再现了1686年一艘船的航海日志中报道的一个事件。纯属偶然，我在一本出版于1835年（比尼采写这本书早半个世纪）的书中读到了这个水手的故事。当我在《查拉图斯特拉如是说》中找到类似的段落时，我被它独特的风格所震撼，它不同于尼采惯用的语言。我确信，尽管尼采没有提到这本老书，但他一定也读过它。我写信给他健在的妹妹，她证实她和她的哥哥实际上在他11岁的时候一起读过这本书。从书中的上下文语境来看，我认为尼采不可能意识到他剽窃了这个故事。我相信，这个故事只是在50年后在他的意识中意外地变得清晰起来。

在这种情况下，存在真正的回忆，虽然没有实现。类似的事情可能会发生在一个音乐家身上，他在童年时听过一首农家乐或流行歌曲，然后发现它突然成为他成年后创作的交响乐乐章的主题。一个想法或意象从无意识返回到了意识。

到目前为止，我所讲述的有关无意识的内容，不过是对人类心灵这一复杂部分的本质和功能的粗略描述。但它已经表明，我们的梦的符号可能是由某种潜意识材料自发产生的。这种潜意识材料可以包括一切的冲动和意图，一切的知觉和直觉，一切合理或不合理的想法、结论、归纳、推论和前提，还有各种各样的感觉。其中任何一种或所有的无意识都可能表现为部分的、暂时的或持续的无意识。

这样的材料大多变成无意识的，从某种意义上说，是因为在有意识的头脑中没有它的存在空间。有些人的想法失去了情感能量，变成了潜意识（也就是说，它们不再受到我们有意识的关注），因为它们变得无趣或无关紧要，或者因为某些原因，我们希望把它们推到视线之外。

事实上，我们"忘记"是正常且有必要的。这样，才能在我们有意识的头脑中为新的印象和想法腾出空间。如果不这样，我们所经历的一切都将停留在意识的阈值之上，我们的头脑将不可思议地变得混乱不堪。这一现象在今天已被广泛认可，以至于大多数了解心理学的人都认为这是理所当然的。

但是，就好比有意识的内容会消失在无意识中一样，还没有意识到的新内容也会从无意识中产生出来。例如，一个人可能隐约感觉到有某些东西即将闯入意识——"空气中弥漫着某些东西"，或者他"闻到了老鼠的气味"。无意识不仅储藏过去，而且还萌发未来心理状况和想法，这一发现使我找到了自己研究心理学的新方法。围绕这一点，出现了许多有争议的讨论。但事实是，除了来自遥远的有意识的过去的记忆，全新的想法和创造性思维也可以从潜意识中呈现出来——这些想法和思维以前从未被意识到。它们就如同荷花一样从心灵的黑暗深处生长出来，形成了潜意识中最重要的一部分。

我们在日常生活中发现了这一点，困境有时会出奇地被新的任务所解决。许多艺术家、哲学家，甚至科学家都把他们一些绝佳的想法归功于从潜意识中突发的灵感。能够触及这些材料的来龙去脉，并将其有效地转化为哲学、文学、音乐或科学发现，这种能力通常被认为是天才的标志之一。

我们可以在科学史上找到这一事实的确凿证据。例如，法国数学家Poincaré和化学家Kekulé把重要的科学发现（正如他们自己承认的那样）归功于无意识中突发的图画"启示"。法国哲学家笛卡尔所谓的"神秘"体验也包含了类似的突发启示，他在一瞬间看到了"所有科学的秩序"。英国作家罗伯特·路易斯·史蒂文森多年来一直在寻找一个能符合他"人的双重存在感"的故事，这时，杰基尔博士和海德先生的情节突然就在他的梦中呈现出来了。

之后，我将更加详细地描述这些材料是如何从无意识中产生的，并将考察其表现形式。此刻，我只想指出，在处理梦的象征意义时，人类心灵

▓ 19世纪的德国化学家凯库勒在研究苯的分子结构时，梦见了一条把尾巴含在嘴里的蛇（这是一个古老的符号，左边是公元前3世纪的希腊手稿）。他将这个梦解释为，这个结构是一个封闭的碳环。如上图书页所示，摘自他1861年的《有机化学教科书》。

产生这种新材料的能力尤为重要。因为在平时的专业工作中，我一次又一次地发现，梦所包含的意象和思想不可能仅仅只用记忆来解释，它们还表达了一些从未达到意识阈值的新思想。

第 三 章

梦的功能

我已经详细地介绍了梦的起源，因为它是大多数象征最初生长的土壤。不幸的是，梦是难以理解的。正如我所提到的，梦是完全不同于有意识地讲述的故事。在日常生活中，人们会思考自己想说什么，选择最有说服力的表达方式，并试图使自己的言论在逻辑上连贯一致。例如，有文化的人会尽量避免使用混杂的比喻，因为这可能会给他的观点带来混乱的印象。但是，梦却有所不同。那些看似矛盾和荒谬的图像涌现在做梦者的脑海里，正常的时间感消失了，平凡的事情可能会呈现出令人着迷抑或威胁的一面。

我们在清醒的生活中，可以将看似有规律的模式强加于我们的思想。而无意识对材料的组织排序与此大不相同，这似乎甚是怪异。然而，任何一个停下来回忆梦境的人都会意识到这种对比，这实际上是普通人难以理解梦境的主要原因之一。

就他正常的清醒体验而言，它们没有意义。因此，他往往要么无视它们，要么承认它们使他感到困惑。

▨ 欧洲一条普通的高速公路，上面有一个熟悉的标志，意思是"注意动物穿越"。但是驾驶者（他们的影子出现在前景中）看到了一头大象、一头犀牛，甚至是一只恐龙。这幅梦境画（由现代瑞士艺术家 Erhard Jacoby 创作）准确地描绘了梦境意象不合逻辑、毫不相干的本质。

如果我们首先意识到我们在纪律显明的清醒生活中处理的想法绝不像我们愿意相信的那样明晰，那么也许就会更容易理解这一点。相反，我们越仔细研究它们，它们的意义（以及它们对我们的情感意义）就越不明晰。原因是我们听到或经历过的任何事情都可以成为潜意识——也就是说，可以进入无意识。甚至保留在我们有意识的头脑中并且可以随意再生的东西也获得了一种无意识的底色，每次回忆时都会给这种想法增添色彩。事实上，我们的有意识印象迅速地假定了一种对我们来说具有物理意义的无意识内涵的元素，尽管我们没有注意到这种无意识意义的存在，或者它扩展和混淆传统意义的方式。

当然，这种心理暗示是因人而异的。我们每个人都在个人思想的背景下接受一些抽象或一般概念，因此我们以个人方式理解和运用它。当我在谈话中使用任何诸如"国家""金钱""健康"或"社会"之类的术语时，我是假设我的听众或多或少地理解我所做的事情。但是"或多或少"这个词正说明了我的观点。每个词对每个人的意义都略有不同，即使在具有相同文化背景的人之间也是如此。这种变化的原因是个人背景接收到一般概念，因此会以一种略带个人化的方式被理解和运用。当人们的社会、政治、宗教或心理体验差异很大时，每个词意义的差异自然也很大。

只要概念与单纯的文字相同，变化几乎是难以察觉的，没有实际作用。但是当需要一个准确的定义或详细的解释时，人们偶尔会发现最为惊奇的变化，不仅在对这个术语的纯粹智力理解上，而且特别是在它的情感基调和用法上。通常，这些变化是潜意识的，因此从未实现。

人们可能往往将这些差异视为与日常需求无关的冗余或可有可无的细微差别。但它们存在的事实表明，即使是意识中最真实的内容也有一个不确定的半影。即使是最用心定义的哲学或数学概念，我们确信它所包含的心血并不比我们已经投入的多，但却比我们假设的要多。这是一个心理事件，因此部分是不可知的。你计数时用到的数字的内涵远比你想象的要多，它们同时也是神话元素（对于毕达哥拉斯学派来说，它们甚至是神圣的）。但是当你将数字用于实际目的时，你肯定没有意识到这一点。

简而言之，我们意识中的每一个概念都有自己的心灵联想。虽然这种联想的强度可能不同（根据这个概念对我们整个人格的相对重要性，或者根据我们无意识中与之相关的其他想法甚至复合体），但它能够改变这个概念的"正常"特性。它甚至可能变成完全不同的东西，因为它漂移到意识水平之下。

对于发生在我们身上的每件事，它们的潜意识方面似乎在我们的日常生活中发挥的作用微乎其微。但在梦的分析之中，心理学家在处理无意识的表达时，它们就显得举足轻重，因为它们是我们有意识思想的隐形根源。这就是为什么普通的物体或想法可以在梦中具有如此强大的心理意义，以至于我们醒来时可能会受到严重的干扰，尽管我们所做的梦比锁着的房间或错过的火车更糟糕。

梦中产生的画面比清醒时的概念和体验更加栩栩如生。其原因之一就是，在梦中，这样的概念可以表达其无意识的意义。在我们有意识的思想中，我们将自己限制在理性陈述的范围之内。这些陈述没有那么丰富多彩，因为我们已经剥夺了它们的大部分心灵联想。

我想起我自己的一个梦，我觉得很难解释。

在这个梦里，有个人想跳到我身后，然后跳到我背上。我对这个人一无所知，只知道他不知何故听懂了我说的话，并把它歪曲成我在怪诞地嘲弄他。但我看不出这与他在梦中试图扑向我有什么联系。然而，在我的职业生涯中，经常发生有人曲解我所说的话的情况。这种情况早已司空见惯，我都无暇去理会这种曲解是否会让我生气。有意识地控制自己的情绪反应是有一定价值的。我很快意识到，这就是那个梦的意义所在。它把一种奥地利的口头语转译成一种图片化的形象。这句话在日常口语中非常常见，叫做 Du kannst mir auf den Buckel steigen（你可以爬上我的背），意思是"我不在乎你说我什么"。在美国同样有这样一句话"去跳湖吧"，这句话很容易出现在类似的梦境中。

可以说，这幅梦境画面是具有象征意义的，因为它并没有直接说明情况，而是通过一种隐喻间接地表达了这一点。这种隐喻，我起初是无法理解的。当这种情况发生时（就像它经常发生的那样），它不是故意用梦来"伪装"的。它只是反映了我们对富有情感的图像语言理解得不足。因为在日常生活经验中，我们需要尽可能准确地陈述一些事情。我们已经学会了在我们的语言和思想中摒弃那些天马行空的修饰，因此就失去了原始思想中固有的一种特性。我们大多数人都把每个物体或想法所拥有的一切神奇的心灵联想都交给了无意识。而另一方面，原始人仍然意识到这些精神属性，他们赋予了动物、植物或石头一些令人匪夷所思的力量。

例如，一位非洲丛林居民在白天看到一只夜行生物，就知道它是一个初具雏形的巫医。或者他可能认为，它是灌木的灵魂或部落祖先的神灵。一棵树可能在原始人的生活中起着举足轻重的作用，它显然拥有自己的灵魂和声音，而与之相关的人也会感到他和它的命运相同。南美洲的一些印第安人会向你保证他们是红阿拉拉鹦鹉，尽管他们很清楚自己并没有羽毛、翅膀和喙。因为在原始世界中，事物不像在我们的"理性"社会中那样有明确的边界。

心理学家所谓的精神认同，或"神秘参与"，已经从我们的世界中剥离出来。但正是这种无意识联想的光环，赋予了原始人的世界丰富多彩和神奇玄妙的一面。我们已经失去了它，以至于当我们再次遇到它时，我们都认不出来了。对我们而言，这些事情都保持在无意识阈值以下。当它们偶尔再次出现时，我们甚至固执地认为有些地方出了问题。

　　一些富有学识和聪明绝顶的人曾不止一次地向我咨询，他们有一些奇异的梦、幻想，甚至是让他们深感震惊的幻象。他们认为，精神状态良好的人是不会患这种病的，而真正看到幻象的人一定是精神失常了。一位神学家曾经告诉我，以西结的异象只不过是病态的症状，当摩西和其他先知听到"声音"对他们说话时，他们就会产生幻觉。你可以想象，当这种"自发"的事情发生在他身上时，他感到多么恐慌。我们如此习惯于我们的世界表面上的理性本质，以至于我们几乎无法想象任何无法用常识解释的事情发生。当原始人遇到这种打击时，他不会怀疑自己的理智，而是会想到恋物、神灵或神。

然而，影响我们的情绪也是一样的。事实上，源自我们精致文明的恐怖可能比原始人类认为恶魔的恐怖更可怕。现代文明人的态度有时会让我想起我诊所里的一个精神病病人。他本人就是一名医生，一天早上，我问他怎么样了。他回答说，他用氯化汞给整个天堂消毒，度过了一个美妙的夜晚，但在这个彻底的消杀过程中，他没有发现上帝的痕迹。这里我们看到的是神经症或更糟的症状。不是上帝或"对上帝的恐惧"，而是一种焦虑神经症或某种恐惧症。情绪本身没有变，只是它的客体的名称和性质都变得更糟了。

我记得有一位哲学教授曾就他的癌症恐惧症向我咨询。他一直坚信自己患了恶性肿瘤，尽管在几十张 X 光照片中都没有发现任何恶性肿瘤。"哦，我知道什么都没有，"他会说，"但也许有什么。"是什么产生了这个想法？很明显，它来自于一种恐惧，而这种恐惧并不是通过有意识地深思熟虑灌输的。这种病态的想法突然攫住了他，它有一种他无法控制的力量。

对这个受过教育的人来说，做出这样的承认

比一个原始人说他被鬼魂困扰要困难得多。在原始文化中，恶灵的邪恶影响至少是一种可以接受的假设。但对一个文明人来说，承认他的苦恼不过是一种愚蠢的想象恶作剧，却是一种令人震惊的经历。原始的执念现象仍然和以前一样并没有消失，人们只是以一种不同的、更令人讨厌的方式来诠释它。

　　我在现代人和原始人之间做过几次这样的比较。这样的比较，正如我将在后面说明的那样，对于理解人类创造象征的倾向，以及梦在表达这些倾向中所起的作用，是必不可少的。因为人们发现许多梦呈现的意象和联想类似于原始思想、神话和仪式。这些梦境被弗洛伊德称为"古老的残余"。这句话表明，它们是很久以前就存在于人类头脑中的精神元素。这种观点是那些认为无意识只是意识的一个附属（或者更形象地说，是一个收集了意识的所有垃圾的垃圾桶）的人的特点。

　　进一步的调查表明，这种态度是站不住脚的，应该抛弃。我发现，这类联想和意象是无意识的组成部分，在任何地方都可以观察到——无论做梦者是受过教育还是文盲，是聪明还是愚蠢。它们在任何意义上都不是毫无生气或毫无意义的"残余"。它们仍然在发挥作用，而且因为它们的"历史"性质而特别有价值（亨德森博士在本书后面的章节中展示）。它们在我们有意识地表达思想的方式和更原始、更丰富多彩、更形象的表达方式之间形成了一座桥梁。也正是这种形式，直接诉诸于感觉和情绪。这些"历史"联想是意识的理性世界和本能世界之间的联系。

关于我们在清醒生活中所拥有的"受控"思想和在梦中所产生的丰富意象之间的有趣对比，我已经讨论过了。现在你可以看到这种差异的另一个原因。那就是因为在我们的文明生活中，我们已经剥夺了许多思想的情绪能量，我们不再真正地回应它们。我们在讲话中使用这些想法，并且当别人使用这些想法时，我们也表现出一种正常的反应，它们并没有给我们留下非常深刻的印象。我们需要更多的东西来让我们有效地认识到某些事情，从而改变我们的态度和行为。这就是"梦境语言"的作用，它的象征意义具有丰富的精神能量，所以我们必须关注它。

例如，有一位女士，她常以愚蠢的偏见去对合理的争论进行顽固地反驳，并以此而闻名。你可以整夜地跟她辩论，可是毫无效果，她丝毫没有察觉到这一点。然而，她的梦却以一种不同的方式进行呈现。一天晚上，她梦见自己正在参加一个重要的社交场合。女主人对她说："你能来，这真是太好了。你所有的朋友都在这里，他们正在等你。"女主人把她领到门口，打开门，梦者走了进去——走进了一个牛棚！

这种梦境语言很简单，即使是一个傻瓜也能明白。这个女人起初不愿承认这个梦的意义，因为这个梦直接打击了她的自负，但人们还是记住了它所传达的信息。过了一段时间，她不得不接受它，因为她忍不住要看到那个自己开的玩笑。

这些来自无意识的信息比大多数人意识到的更重要。在有意识的生活中，我们会受到各种各样的影响。其他人会刺激或压抑我们，办公室或社交生活中的事情会分散我们的注意力，这些东西引诱我们去做一些与我们的个性极不相符的事情。无论我们是否意识到它们对我们意识的影响，我们的意识都会受到它们的干扰，几乎毫无防备地暴露在它们面前。对于一个拥有外向心态并把所有的重点放在外部事物上的人，或者对自己内心深处的人格怀有自卑和怀疑的人来说，尤其如此。

意识越受偏见、错误、幻想和幼稚愿望的影响，已经存在的鸿沟就越会扩大，形成一种神经质的分裂，导致几乎成为一个完全脱离健康本能、自然和真相的人造生命。

梦的一般作用是通过产生梦的物质，以一种微妙的方式重新建立整个心理平衡，从而试图恢复我们的心理平衡。这就是我所说的梦在我们的心灵构成中的补充（或补偿）作用。它解释了为什么那些对自己有不切实际的想法或过高的看法的人，或者那些制定了与他们的真实能力不相符的宏伟计划的人，梦见了自己飞翔或坠落。梦弥补了他们个性上的缺陷，同时也警告他们当前道路上的危险。如果忽视梦的警告，真实的事故就会取而代之。受害者有可能会从楼上摔下来，也有可能会发生车祸。

　　我记得有一个案例。有个人深深陷入到一些不法勾当之中，无法脱身。于是，他对危险的登山运动产生了一种近乎病态的热情，以此作为一种补偿。他一直在寻求"超越自我"。一天晚上，在梦中，他看见自己从一座高山的山顶上走了下来，进入到一片空旷的空间。当他告诉我他的梦时，我立刻看到了他的危险，并试图让他重视这个警告，劝他克制自己。我甚至告诉他，那个梦预示着他死于一场山区事故。但这是徒劳的。六个月后，他"进入了空间"。一位登山向导看到他和他的一个朋友在一个危险的地方使用绳子下山。这个朋友在一个岩架上找到了一个临时的立足点，做梦的那个人就跟着他一同下去了。据导游说，他突然松开了绳子，"就像跳到空中一样"。他就扑倒在他朋友的身上，两个人都掉下去摔死了。

　　另一个典型的例子是关于一位女士，她过着一种高高在上的生活。在日常生活中，她趾高气扬，但她经常做一些令人震惊的梦，让她想起各种令人讨厌的事情。当我向她揭开这些事实时，她愤怒地拒绝承认它们。然后，她的梦变得充满威胁，充满了她过去独自在树林里散步的回忆，在那里她沉浸在深情的幻想中。我看到了她的危险，三番五次地发出警告，但她充耳不闻。不久之后，她在树林里被一个性变态野蛮地攻击。如果不是有人听到了她的尖叫声及时施救，她早就被杀害了。

这里面没有魔法。她的梦告诉我，这个女人对这样一场冒险有着一种秘密的渴望——就像登山者在不知不觉中寻求找到一条明确的出路以摆脱困境的满足感一样。显然，他们谁也没想到会付出如此高昂的代价——她断了几根骨头，而他却付出了生命的代价。

因此，梦有时可能会在某些情况真实发生之前就预先告知。这并不一定是奇迹或某种形式的预感。我们生活中的许多危机都有一段漫长而无意识的历史。我们一步一步地走向它们，却没有意识到危险正在积聚。但是，我们的无意识却经常可以感知到我们意识看不到的东西，而这种无意识可以通过梦来传递信息。

现如今，个人意识的影响因素之一是政治宣传（一幅1962年法国公投的海报，敦促选民投"赞成"票，但却贴上了反对派的"反对"）。这种影响和其他影响可能导致我们要以违背个人本性的方式生活，而随之而来的心理失衡必须由无意识来补偿。

梦常常以这种方式警告我们。但通常情况下，似乎并非如此。因此，任何认为有一只仁慈的手在时间上约束我们的假设都是可疑的。或者，更乐观地说，它似乎是一个慈善机构，有时在工作，有时在休息。这只神秘的手甚至可能指向毁灭之路。梦有时被证明是陷阱，或看起来是陷阱。它们有时表现得像"德尔菲神谕"——告诉国王克罗伊斯，如果他越过哈利斯河，他将摧毁一个大王国。当他在渡海的战斗中彻底失败后，他才发现神谕所指的王国其实是他自己的王国。

在处理梦的问题上，我们不能太过天真。它们起源于一种不完全是来自人类的精神，而是一种自然的气息——一种美丽、慷慨又残忍的女神的精神。如果我们要对这种精神进行定性，我们在古代神话或原始森林的寓言中肯定会比在现代人的意识中更接近这种精神。我承认，文明社会的发展带来了巨大的收益。但是，这些已经获得的收益是以巨大的损失为代价的，其程度我们几乎无法估量。我把人类的原始状态和文明状态进行比较的部分目的是为了说明这些得失的平衡。

原始人比其"理性"的现代后裔更受本能的支配，后者已经学会了"控制"自己。在这个文明的过程中，我们逐渐将意识从人类心灵深处本能的层次中分离出来，甚至最终从产生心灵现象的躯体基础中分离出来。幸运的是，我们没有失去这些基本的本能层次。即使它们可能只是以梦境魔法师的形式表达自己，但它们仍然属于无意识的一部分。顺便说一句，人们可能并非总能辨认出这些本能的现象到底是什么，因为它们的特征是象征性的，这在我所阐述的梦的补偿功能中起着至关重要的作用。

为了心理的稳定和生理的健康，无意识和意识必须结合在一起，从而达到并行不悖的状态。如果它们分开或"分离"，心理障碍就会随之而来。在这方面，梦的象征是人类心灵从本能到理性的基本信息载体，它们的诠释丰富了贫乏的意识，使意识学会重新理解被遗忘的本能语言。

当然，人们必然会质疑这种功能，因为它的象征经常被忽略或不被理解。在日常生活中，对梦的理解通常被认为是多余的。我可以用我在东非一个原始部落的经历来说明这一点。令我诧异的是，这些部落的人否认他们做过任何梦。然而，通过与他们耐心地交谈，我很快发现他们和其他人一样做过梦，但是他们确信他们的梦没有任何意义。他们告诉我，"普通人的梦毫无意义可言"。他们认为，只有酋长和巫医的梦才是重要的梦，这些梦关乎部落的福祉，受到高度重视。唯一的缺点是，酋长和巫医都声称，他们已经不再做有意义的梦了。他们将这种变化追溯至英国人来到他们国家之时。地区专员——统领他们的英国官员——已经接管了"做伟大梦"的功能。这一功能迄今为止一直指导着部落的行为。

当这些部落的人承认他们确实有梦，但认为它们没有意义时，他们就像现代人一样，认为梦对他没有意义，只是因为他不懂梦。但是，即使是文明人有时也能观察到，一个梦（他甚至可能不记得）可以改变他的心情，无论好或坏。这个梦已经被"理解"了，但只是以一种潜意识的方式。这种情况是司空见惯的。只有在极少数情况下，当一个梦特别令人印象深刻或在一定的时间间隔内重复时，大多数人才会认为有必要对其进行解释。

在这里，我应该对不明智或不称职的梦境解析提出警告。有些人的精神状况是极其不平衡的，解析他们的梦可能是极其危险的。在这种情况下，一种非常片面的意识从相应的一种荒谬或"疯狂"的无意识中被切断。在没有采取特殊预防措施的情况下，不应该将两者结合在一起。

而且，一般而言，相信现成的系统的解梦指南是愚蠢的，就好像人们可以简单地买一本参考书来查找一个特定的象征。任何梦的象征都不能与做梦的人分开，任何梦都没有明确或直接的解释。每个人的无意识对意识的补充或补偿方式都各不相同，因此根本无法确定梦和梦的象征能有多少分类。

诚然，有些梦和单一的象征（我更愿意称它们为"主题"）是典型的，而且经常出现。在这些主题中，有坠落、飞行、被危险的动物或敌对的人迫害、在公共场所衣衫不整或穿着荒唐的衣服、匆忙或迷失在拥挤的人群中、用无用的武器战斗或完全没有防御能力、拼命奔跑却无处可去……一个典型的婴幼儿主题是梦到自己无限地小或无限地大，或从一个变成另一个。这个你可以在刘易斯·卡罗尔的《爱丽丝梦游仙境》中找到。但我必须再次强调，这些主题必须在梦本身的背景下考虑，而不是作为不言自明的密码。

　　相同的梦若反反复复地出现，这个现象则需要我们多加留意。在一些案例中，人们从童年一直到成年后都做着同样的梦。这类梦通常是为了弥补梦者对生活态度的某种特定缺陷，或者它可能来自一个留下了特定偏见的创伤时刻。它有时也可能预示着未来一个重要的事件。

　　几年来，我自己也常常梦到一个主题。在这个主题中，我"发现"我的房子中有一个我尚不知道的部分。有时是我去世已久的父母住的地方，令我惊讶的是，我父亲在那里有一个实验室，他在那里研究鱼类的比较解剖学。而我母亲则经营着一家旅馆，接待鬼魂来访。这个陌生的客房通常是一个古老的历史建筑，早已被遗忘，但却是我继承的财产。房间里摆放着有趣的古董家具，并且在这一连串的梦的最后，我发现了一个古老的图书馆，里面的书对我来说是未知的。最后，在最后一个梦里，我打开了其中一本书，发现里面有许多极具象征意义的图画。当我醒来时，我

页面上方是《爱丽丝梦游仙境》(1877年)中的一幅插画，画的是爱丽丝变大了，占满了一座房子。这是一个常见的关于变大的梦的著名例子。下面是一幅同样常见的飞行梦，由19世纪英国艺术家威廉·布莱克(William Blake)创作，题为《哦，我是如何梦到不可能的事情的》。

兴奋得心怦怦直跳。

就在我做这个特别的最后一个梦之前，我向一个古董书商订购了一本中世纪炼金术士的经典汇编，我在文献中找到了一段我认为可能与早期拜占庭炼金术有关的引文，我希望能查证一下。就在我梦见那本不知名的书的几个星期后，一个书商寄来了一个包裹。里面是一本 16 世纪的羊皮纸卷。书中有许多引人入胜的象征性插画，这些插画使我立刻想起我在梦中见到的那些图画。作为心理学的先驱，重新发现炼金术原理是我工作的一个重要部分，因此我那个反复出现的梦的主题就很容易理解。当然，这所房子是我的个性及其有意识的兴趣领域的象征，而未知的附属建筑代表了我对一个当时还没有意识到的新的兴趣和研究领域的期待。从那时起到现在 30 年来，我再也没有做过那个梦。

第　四　章

梦的分析

在本书的开头部分，我指出了符号和象征之间的区别。符号总是小于它所代表的概念，而象征总是代表着比其明显和直接的意义更多的东西。此外，象征是自然和自发的产物。从来没有一个天才手拿一支笔坐下来说："现在我要发明一种象征。"没有人能把一个或多或少有点理性的想法，作为一个逻辑结论或经过深思熟虑的意图，然后赋予它"象征"的形式。无论一个人对这类想法有多么绝妙的修饰，它仍然是一种符号，与它背后的意识思想相联系，而不是暗示某些未知事物的符号。在梦里，象征是自发产生的。因为梦是偶然发生的，而不是被发明出来的。因此，它们是我们所有象征主义知识的主要来源。

但我必须指出，象征并不仅仅出现在梦里，它们也出现在各种心理表现之中。有象征性的思想和感情，象征性的行为和情境。通常看来，即使是没有生命的物体也会以象征性的方式与无意识合作。钟表在主人死的那一刻停止转动的故事数不胜数，其中一个是腓特烈大帝在圣苏西的宫殿里的摆钟，当皇帝去世时，钟摆就停止了。其他常见的例子，如当死亡发生时，镜子破裂，或画作掉落；或在某人经历情感危机的房子里出现轻微但无法解释的破裂。即使怀疑论者拒绝相信这样的报道，但这类故事总是层出不穷，仅这一点就足以证明它们在心理上的重要性。

　　然而，有许多象征（其中最重要的）在其性质和起源上并不是个体的，而是集体的。这些主要是宗教意象。信徒认为，它们有神圣的渊源，它们已被揭示给人类。怀疑者直截了当地说道，它们是被发明出来的。两者都是错误的。的确，正如怀疑论者所指出的那样，几个世纪以来，宗教符号和概念一直是精心而又相当有意识地阐述的对象。同样，正如信徒所暗示的那样，它们的起源深藏在过去的神秘之中，似乎与人类无关。但它们实际上是"集体表现"，源自原始的梦境和创造性的幻想。因此，这些形象是不由自主的自发表现，而不是有意的发明。

　　正如我将在后面解释的那样，这个事实对梦的解析有直接而重要的影响。显然，如果你假设这个梦是象征性的，你就会对它作出不同的解释。而另一个人则认为，根本的活跃思想或情感是已知的，只是被梦"伪装"了而已。在后一种情况下，解梦没有什么意义，因为你只能找到你已经知道的东西。

　　正因为如此，我总是对我的学生们说："尽量多学习象征主义吧，然后当你解析一个梦的时候，就把这些统统都忘掉。"这个建议具有极其重要的实际作用，我已经把它当作一个规则来提醒自己，我永远无法做到透彻地理解别人的梦从而正确地解释它。我这么做是为了克制自己的联想和反应的流动，这样可能会战胜病人的不定和犹豫。对于精神分析师来说，尽可能准确地获得梦的特定信息（也就是说，无意识对意识的贡献）具有最重要的治疗意义，因此，他有必要刨根问底地去探索梦的内容。

　　我和弗洛伊德并肩共事时做过一个梦，这个

梦说明了这一点。我梦见自己在"我的家"中，显然是在二楼的一间舒适又惬意的客厅里，客厅的装饰布置属于 18 世纪的风格。我格外诧异，我之前从未见过这个房间，便开始想知道一楼是什么样子的。我走下楼梯，发现这个地方相当黑暗，墙壁镶板，笨重的家具可以追溯至 16 世纪甚至更早。我更加觉得惊讶和好奇。我想多看看这栋房子的整体结构。于是我下到地窖，发现有一扇门开在一段石阶上，石阶通向一间大的拱形房间。地板是大块的石板，墙壁似乎极其古老。我检查了砂浆，发现里面混杂着砖屑。显而易见，这些墙起源于罗马。我变得越来越兴奋。在一个角落里，我看到石板上有一个铁环。我拉起石板，又看见一段狭窄的台阶，通向一个类似山洞的地方，好像是一个古老的坟墓，里面有两块颅骨、一些骨头和破碎的陶器碎片。然后，我就醒了。

如果弗洛伊德在解析这个梦的时候，按照我探索梦时使用的特定联想和情境的方法，他就会听到一个意味深长的故事。但让我担心的是，他会认为这只是在试图逃避自己的某个问题。这个梦实际上是我人生的一个简短的总结，更确切地说，是我思想发展的一个缩影。我在一个历经200年风雨沧桑的宅子里长大，我们家的家具大多都有将近300年之久的历史，我迄今为止最大的精神上的冒险是研究康德和叔本华的哲学。那天最引人注目的新闻是查尔斯·达尔文的研究。在此之前不久，我一直生活在我父母的那些中世纪观念里。而在他们的观念里，世界和人类仍然是由神圣的全能上帝和天意来主宰。这个世界已经陈旧得过时了。通过与东方宗教和希腊哲学的接触，我对基督教的信仰已经变得没有那么绝对。正因如此，一楼才那么地安静、黑暗，而且显然无人居住。

我当时在解剖研究所做助理时，对比较解剖学和古生物学有了最初的兴趣，由此产生了对历史的兴趣。我对人类化石的骨骼颇有兴趣，尤其是备受争议的尼安德特人，以及杜布瓦的猿人骷髅。事实上，这些都是我对这个梦的真实联想。但是我不敢向弗洛伊德提及骷髅、骨骼或尸体，因为我知晓他不大喜欢这个主题。他有个奇怪的想法，认为我预测到了他会早逝。他得出这个结论是因为我对不来梅港市布莱克勒的木乃伊非常感兴趣，我们在 1909 年乘船去美国的路上一同参观了那里。

因此，我不愿意说出自己的想法，因为通过最近的经历，我深深意识到弗洛伊德的精神面貌和背景与我之间有着一道几乎不可逾越的鸿沟。如果我向他敞开心扉，我担心会失去我们之间的友谊。我想，他会觉得我的内心世界甚是稀奇古怪。由于对自己的那套心理学还拿捏不准，为了不让他看到我特立独行的一面，我就顺口向他编了一个关于我的"自由联想"的谎。

我在向弗洛伊德讲述我的梦时，陷入喋喋不休、没完没了的困境，我为此深表歉意。但这是一个很好的例子，说明一个人在真实的梦境分析过程中遇到的困难。这很大程度上取决于分析者和被分析者之间的个体差异。

我很快意识到，弗洛伊德在寻找我某个自相矛盾的愿望。因此，我试探性地提出，我梦到的骷髅可能指的是我家庭中的某些成员，因为某种原因，我可能希望他们死去。这个提议得到了他的同意，但我对这样一个"假"的解决方案并不满意。

当我试图为弗洛伊德的问题找到一个合适的答案时，我突然被一种直觉所迷惑，即主观因素在心理理解中所起的作用。我的直觉非常强烈，只想着如何摆脱这不可能的混乱。于是，我采取了这种简单的方法，即撒谎。这既不优雅，也在道德上站不住脚。但是，如果不这样，就会产生与弗洛伊德发生激烈争吵的风险。出于各方面原因的考虑，我觉得自己不应该冒这样的险。

我的直觉有一种突如其来的领悟和难以预料的洞察。我的梦意味着我自己、我的生活和我的世界，我的整个现实与另一个奇怪的头脑出于自己的原因和目的而建立起来的理论结构相对立。这不是弗洛伊德的梦，这是我的梦。我突然在一瞬间明白了我的梦意味着什么。

这种冲突说明了解梦时的一个关键问题。与其说它是一种可以根据规则去学习和应用的技巧，不如说它是两种人格之间的辩证交换。如果它被当作一种机械的技巧来处理，做梦者的个人精神人格就会消失，治疗问题就会简化为一个简单的问题——两个人中，精神分析师和做梦者哪一个会主宰另一个？我也因为这个原因放弃了催眠治疗，因为我不想把自己的意志强加给别人。我希望治愈的过程从病人自身的个性中产生，而不是从我的建议中产生昙花一现的效果。我的目的是保护和维护病人的尊严和自由，让他可以按照自己的意愿生活。在与弗洛伊德的交流中，我第一次意识到，在我们构建关于人类及其心理的一般理论之前，我们应该更多地了解我们必须面对的真实的人。

个体是唯一的现实。我们越是从个体走向关于智人的抽象概念，我们就越容易犯错。在这个风云激荡和瞬息万变的时代，我们最好对人类个体有更多的了解，因为有太多的东西取决于他的精神品质和道德品质。但是，如果我们要从正确的角度看待事物，我们就需要了解人类的过去和现在。这就是为什么理解神话和象征是至关重要的。

第 五 章

类型的问题

在其他所有的科学分支里，将假设应用于客观的学科之中是合理的。然而，心理学让你不得不去面对两个个体之间的关系。这两个个体都不能被剥夺其主观人格，事实上，也不能以任何其他方式去人格化。精神分析师和他的病人可以通过同意以客观的方式处理一个选定的问题开始，但一旦他们参与进来，他们的整个性格就都融入到了他们的讨论中。在这一点上，只有双方互相达成协议，才能开展下一步的工作。

我们能否对最终的结果作出一种客观公正的判断？只有当我们将自己的结论与个人所处的社会环境中的普适标准进行对照比较时方能做到。即便如此，我们也必须考虑到个人的心理平衡（或"理智"）。因为其结果不可能是集体平衡个体，从而使他适应社会的"规范"。这将是一种极不自然的状况。一个健全正常的社会是一个大家各抒己见的社会。因为在人类本能的品质范围之外，意见普遍一致是相对少见的。

在社会中，意见分歧是精神生活的载体，但不是目标。意见一致也同样重要。因为心理学基本上依赖于一些平衡的对立面，如果没有考虑到其可逆性，任何判断都不能被认为是最终的判断。这一特点的原因在于，基于心理学之外的立场，我们无法对什么是心灵作出最终的判断。

尽管梦需要个别治疗，但为了分类和厘清心理学家收集的有关个体的研究材料，作一些概括是很有必要的。如果只是描述大量的个案而不去努力找出它们的异同之处，显然不可能形成心理学理论。任何一般特征都可以作为基础。例如，人们可以相对简单地区分"外向"性格的人和"内向"性格的人，这只是众多可能的概括中的一个例子。但是，如果恰巧分析师是一种类型，而他的病人是另外一种类型，潜在的困难显而易见。

因为对梦的更深入地分析会导致两个人的对峙冲突，所以他们的态度类型是否相同显然会产生很大的差异。如果两者属于同一类型，它们可

■ 这是美国朱尔斯·费弗(Jules Feiffer)的画作。
漫画中，一个自信外向的人战胜了一个沉默内向的
人。荣格的这些关于人类"类型"的术语并非是教
条的。

以愉快地进行很长一段时间。但如果一个是外向的，另一个是内向的，他们不同的立场可能会导致立刻发生冲突。特别是当他们不知道自己的个性类型，或当他们确信自己的个性是唯一正确的类型时。例如，外向的人会选择多数人的看法，而内向的人会因为它流行而拒绝它。这样的误解是很容易产生的，因为在一个人眼中有价值的东西在另一个看来是毫无价值的。例如，弗洛伊德本人将内向类型解释为病态地关心自己的人。但是，内省和自知之明也同样具有重要的价值。

在解梦过程中考虑人格差异是十分必要的。不能仅仅因为分析师是具有心理学理论和相应技术的医生，就认为他是超脱这些差异的超人。只有当他假设自己的理论和技术是绝对真理，能够包容整个人类心灵时，他才觉得自己无所不能。既然这样的假设非常值得怀疑，那他就永远没有十足的把握。因此，如果他只运用一种理论或技术（这仅仅是一种假设或尝试）而不是他自己的毕生所学去面对病人的人性完整性，他就会在暗地里受到别人的质疑。

分析师的整个人格就等同于病人的人格。心理经验和知识对分析者来说仅仅是优势。这些并没有让他置身事外，在这场斗争中，他注定要和病人一样接受考验。因此，他们的性格是和谐的、冲突的还是互补的就格外重要了。

外向和内向只是人类行为的两个特点。但是，它们通常非常明显，很容易辨认。例如，如果有人研究外向的人，他很快就会发现他们在许多方面彼此不同。因此外向是一个肤浅的、过于普遍的标准，而不是真正的特征。这就是为什么很久以前，我就试图找到一些更基本的特性——这些特性可能会给人类个性中的善变赋予某种秩序。

我一直对这样一个事实印象深刻。如果可以不动脑筋的话，有相当多的人就从不动脑筋；而也有相当多的人则是以一种愚蠢至极的方式动脑筋。我还惊奇地发现，许多聪明而又清醒的人（在人们所能理解的范围内）生活中好像从来没有学会使用他们的感官。他们看不到眼前的事物，听不到耳边响起的话语，也注意不到他们触摸或品尝过的东西。有些人在生活中从不注意自己的身体状况。

还有一些人似乎生活在一种莫名其妙的意识状态中，仿佛他们今天所达到的状态就是最后的人生状态，没有改变的可能；或者仿佛世界和心灵是静止的，并将永远保持下去。他们似乎毫无想象力，完全依赖于他们的感官知觉。机会和可能性在他们的世界里是不存在的，在"今天"里也没有真正的"明天"，未来只不过是过去的重复。

在这里，我想让读者大致地了解一下，当我开始观察生命中遇到的芸芸众生之时，我自己的第一印象。然而，我很快就明白了，真正动脑筋的人是那些善于思考的人——也就是说，那些运用智慧努力使自己适应他人和环境的人。同样聪明的人，那些不思考的人，往往是通过感觉来寻找和找到他们的道路的人。

"feeling"这个词需要解释一下。例如，当涉及到"情感"时，人们会说"feeling"（与法语中的"情感"相对应）。但我们也可以用这个词来表达一种观点。例如，一段来自白宫的交流可能会这样开头："总统认为……"此外，这个词可以用来表达一种直觉："我有一种直觉，好像……"

当我用"情感"这个词来对比"思维"时，我指的是一种价值判断——例如，愉快或不愉快，好或坏，等等。根据这个定义，感觉不是一种情绪（正如这个词所表达的那样，是不由自主的）。我的意思是感觉（就像思考）是一种理性功能，而直觉是一种非理性功能。只要直觉是一种"预感"，它就不是一种自愿行为的产物。它是一种非自愿的事件，取决于不同的外部或内部环境，而不是判断的行为。直觉更像是一种感知觉，它也是一种非理性的事件，因为它本质上依赖于客观刺激，而这些刺激的存在是由物理原因引起的，而不是精神原因。

这四种功能类型分别对应于意识获得经验导向的四种手段。感觉告诉你事物的存在，思维告诉你它是什么，情感告诉你它是否令人愉快，直觉告诉你它从哪里来，到哪里去。

读者应该明白，这四种人类行为类型的标准只是众多观点中的四种，比如意志力、气质、想象力、记忆力等等。它们没有什么教条，但它们的基本性质使得它们适合作为分类的标准。当我被要求向孩子解释父母、向妻子解释丈夫时，我发现它们特别有用，反之亦然。它们也有助于理解一个人自己的偏见。

因此，如果你想了解另一个人的梦，你就必须牺牲自己的偏好，放下自己的偏见。这并不容易，也让人不舒服，因为这意味着做出一种迎合他人的道德努力。但是，如果分析者不努力去批评他自己的立场，承认其相对性，他既得不到关于病人心灵的正确信息，也无法洞察病人的心灵。分析师希望病人至少有一定的意愿来倾听他的意见并认真对待它，而病人必须被赋予同样的权利。虽然这样的关系对任何理解都是不可或缺且非常必要的，但是一个人必须一次又一次地提醒他自己，在治疗中，让病人理解比满足分析师的理论预期更重要。病人对分析师解释的抗拒不一定是错误的，这是某些解释不"合拍"的确切迹象。要么是病人还没有达到他能理解的程度，要么就是解释不恰当。

在试图解释另一个人的梦境象征时，我们倾

向于用投射来填补理解中的不足，而且我们几乎总是受缚于此——也就是说，假设分析师所感知或思考的东西与做梦者所感知或思考的东西是一样的。为了根本性地克服这个错误，我向来高度重视特定梦境的背景，并且坚决排除所有关于梦的一般理论假设——除了梦在某种程度上是有意义的假设。

从我所阐述的内容可以清楚地看出，我们不能为解梦制定一般的规则。当我之前提到梦的整体功能似乎是弥补意识思维的缺陷或扭曲时，我的意思是，这个假设为研究特定梦的本质打开了一条最有希望的途径。在某些情况下，你可以清楚地看到这个功能。

我的一位病人自视甚高，却没有意识到几乎所有认识他的人都被他那种道德优越感所激怒。他带着一个梦来找我，梦里他看到一个醉醺醺的流浪汉在沟里滚来滚去——这一幕只让他想起一句自诩清高的评论："看到一个人堕落到如此之步，真是太可怕了。"很明显，这个令人不快的梦至少在一定程度上是为了抵消他对自己优点的夸大看法。但还有比这更重要的事情。原来他有个哥哥是个堕落的酒鬼。这个梦还揭示出，他的优越感正在弥补哥哥的外在和内在形象。

我记得在另一个案例中，一个对自己关于心理学的深刻理解感到自豪的女人反复做关于另外一个女人的梦。当她在日常生活中遇到这个女人时，她不喜欢她，认为她是一个虚荣狡诈的阴谋家。但在梦里，这个女人几乎像姐姐一样出现，友好而可爱。我的病人不明白为什么她会梦到一个她不喜欢的人。但这些梦试图传达这样一种想法：她自己被一个无意识的、与另一个女人相似的角色"阴影"笼罩着。对我的病人来说，她对自己的个性有非常清晰的认识，很难意识到这个梦告诉她的是她自己的权力情结和她隐藏的动机。而这些无意识的影响不止一次地导致她与朋友发生不愉快的争吵。她总是为此责怪别人，而不是自己。

我们忽视、漠视和压抑的不仅仅是我们性格中"阴影"的一面。我们也可能对自己的一些优良品质做着同样的事情。我想到的一个例子是，一个谦逊的男人，举止优雅，风度翩翩。他似乎总是满足于坐在后座，但谨慎地坚持出席。请他讲话时，他会提出一个极有见地的意见，但他从不插嘴。但他有时暗示，一个特定的问题可以在某个更高的层次上以一种更高级的方式处理（尽管他从未解释过如何处理）。

然而，在他的梦里，他经常会遇到一些伟大的历史人物，比如拿破仑和亚历山大大帝。这些梦显然是对自卑感的补偿，但它们还有另外一个含义。他在梦里问道，我该是什么样的人，才会有这样杰出的来访者呢？在这方面，梦指向了一种隐秘的自大，抵消了做梦者的自卑感。这种无意识的宏大观念使他与周围环境的现实隔绝开来，使他能够置身于对其他人来说必须履行的义务之外。他觉得没有必要证明——无论是对自己还是对别人——他卓越的判断是建立在卓越的功绩之上的。

事实上，他是无意识地在玩一场疯狂的游戏，而梦正试图以一种奇怪而模糊的方式把它带到意识层面。与拿破仑亲密接触，与亚历山大大帝交谈，正是自卑情结产生的幻想。但是，你会问，为什么梦不能直截了当一些，明明白白地说出它要说的话？

　　我经常被问到这个问题，我自己也问过我自己。我常常惊讶于梦的那种撩人的方式，似乎逃避了明确的信息或忽略了关键点。弗洛伊德假定存在着一种特殊的心理功能，他称之为"审查者"。他认为，这扭曲了梦的图像，使它们无法辨认或具有误导性，以欺骗做梦时意识到梦的真实主体。通过向做梦者隐瞒批判性思维，"审查者"保护他的睡眠免受不愉快回忆的冲击。但我对梦是睡眠守护者的理论持怀疑态度，梦也经常打扰睡眠。

　　它看起来更像是意识的方法对心灵的潜意识内容有一种"涂抹"的效果。与意识相比，潜意识状态保留的思想和图像的张力要低得多。在阈下条件下，它们失去了清晰的定义。它们之间的关系变得不那么重要，更不类似，更不理性，因此也更"不可理解"。这也可以在所有的梦幻状态中观察到，无论是由于疲劳、发烧或中毒。但如果某些变化赋予这些图像更大的张力，当它们接近意识阈值时，它们会变得不那么无意识，而是变得更加清晰。

正是从这一事实，人们可以理解为什么梦经常以类比的方式表达自己，为什么一个梦的图像滑入另一个梦，以及为什么我们清醒时的逻辑和时间尺度似乎都不适用。梦的形式对无意识来说是自然的，因为产生梦的物质正是以这种方式被保留在潜意识状态中。梦并不能保护睡眠免受弗洛伊德所说的"不相容愿望"的影响。他所谓的"伪装"实际上是所有冲动在无意识中自然呈现的形状。因此，梦不能产生一个明确的思想。如果它开始就这样做，它就不再是一个梦，因为它跨越了意识的界限。这就是为什么梦似乎跳过了对意识最重要的那些点，而更像是"意识的边缘"，就像日全食时如同星星般微弱的光芒。

我们应该明白，梦的象征在很大程度上是一种精神的表现，这种精神不受意识的控制。意义和目的不是心灵的特权，它们在整个有生命的自然界中运作着。生理成长和心理成长在原则上没有区别。就像植物开花一样，心灵创造了它的象征。每一个梦都是这个过程的证据。

因此，通过梦（加上各种直觉、冲动和其他自发事件），本能的力量影响着意识的活动。这种影响是好是坏，取决于无意识的实际内容。如果它包含太多有意识的东西，那么它的功能就会变得扭曲和偏见；动机似乎不是基于真正的本能，而是将其存在和精神上的重要性归功于这样一个事实：它们被压抑或忽视而被置于无意识之中。可以说，它们覆盖了正常的无意识心理，扭曲了其表达基本象征和主题的自然倾向。因此，考虑到精神障碍的原因，对于精神分析学家来说，首先从他的病人那里或多或少地引出自愿的忏悔和意识到病人厌恶或害怕的一切开始着手是合理的。

这就像更古老的教会忏悔，在很多方面预示了现代心理学技术。至少这是一般的规则。然而，在实践中，情况可能会相反。强烈的自卑感或严重的软弱感会使病人很难，甚至不可能面对自己不足的新证据。因此，我常常发现，从对病人有一个积极的看法开始着手是大有裨益的。当他接近那些更痛苦的见解时，这提供了一种有益的安全感。

以"个人提升"的梦为例。例如，一个人梦到自己与英国女王喝茶，或梦到自己与教皇关系亲密。如果做梦的人不是精神分裂症病人，那么对这个象征的实际解释在很大程度上取决于他目前的思维状态，也就是他的自我状态。如果做梦者高估了自己的价值，就很容易（从联想产生的材料中）显示出做梦者的意图是多么失当和幼稚，以及这些意图在多大程度上源自于与父母平等或高于父母的幼稚愿望。但如果这是一种自卑感，即一种无处不在的无价值感已经压倒了做梦者性格中所有积极的方面，通过表现他是多么幼稚、可笑甚至乖张来打击他，那就大错特错了。这将残酷地增加他的自卑感，并引发不受待见和极不必要的抵触治疗。

没有普遍适用的治疗技术或学说，因为人们接受治疗的每一个病例都是处于特定情况下的个人。我记得我曾经治疗过一个病人长达九年之久。由于他住在国外，我每年只能见他几个星期。从一开始，我就知道他真正的麻烦是什么，但我也看到，哪怕是他最不愿接近真相的举动，也会遭到猛烈的自卫反应，这可能会使我们之间的关系彻底破裂。不管我喜欢与否，我必须尽我最大的努力维持我们的关系，遵循他的意愿。他的意愿得到了他的梦的支持，这使得我们的讨论偏离了他神经症的根源。我们的意见分歧如此之大，以至于我常常指责自己把病人引入歧途。他的病情正在慢慢明显地好转，这使我无法让他面对残酷的真相。

　　然而，到了第十年，这位病人宣布自己痊愈了，所有的症状都消失了。我很惊讶，因为理论上他的病情是无法治愈的。他注意到我的惊讶，微笑着说（实际上）："我首先要感谢你始终如一的机智和耐心，帮助我避开了神经症的痛苦根源。我现在准备告诉你关于它的一切。如果我能自由地谈论这件事，我在第一次咨询时就会告诉你。但那样会破坏我和你的关系。那时我应该在哪里？我本该道德沦丧的。十年来，我学会了信任你。随着自信心的增强，我的病情也有所好转。我进步了，因为这个缓慢的过程恢复了我的自信心。现在我足够坚强，可以讨论那个正在摧毁我的问题了。"

然后，他极其坦率地坦白了他的问题。这使我明白了我们必须采取这种特殊治疗方法的原因。最初的震惊是如此之大，以至于他一个人无法去面对。他需要另一个人的帮助，而治疗的任务是慢慢建立自信心，而不是展示临床理论。

从这样的案例中，我学会了调整我的方法以便适应每个病人的需要，而不是把自己束缚在可能不适用于任何特定案例的一般性理论考虑之中。我在 60 年的实践经验中积累的关于人性的知识教会我把每一个案例都当作一个新的案例来考虑。首先，我必须寻求个人的方法。有时我毫不犹豫地投入到对婴儿时期的事件和幻想的仔细研究中。有时我从最顶端开始，即使这意味着直接飞入最遥远的形而上学的推测。这一切都取决于学习个体病人的语言，以及跟随他的无意识去摸索光明。有些情况下需要一种方法，有些则需要另一种方法。

当一个人试图解释象征时尤其如此。两个不同的人可能做着几乎完全相同的梦。（人们很快就会在临床经验中发现，这并不像外行人想象的那么罕见。）然而，举例来说，如果一个做梦的人很年轻，而另一个人很老，那么困扰他们的问题就相应地不同了，用同样的方式来解释这两个梦显然是荒谬的。

我想到了一个例子，是这样的一个梦：一群年轻人骑着马，穿过一片广袤的田野。做梦者处于领先地位，他跳过了一条满是水的沟渠，清除这个危险。其余的人掉进了沟里。第一个告诉我这个梦的年轻人是个谨慎内向的人。但我也从一位性格大胆的老人那里听到了同样的梦，他过着积极进取的生活。当他做这个梦的时候，他已经是一个病人了，这给他的医生和护士带来了很多麻烦。他实际上因不服从医嘱而自残。

我很清楚，这个梦告诉年轻人他应该做什么。但它告诉老年人他实际上还在做什么。虽然它鼓励了犹豫的年轻人，但老年人并不需要这样的鼓励。他身上仍在闪烁的进取心，这确实是他最大的烦恼。这个例子表明，梦和象征的解释在很大程度上取决于做梦者的个人情况和思想状态。

第 六 章

梦境象征主义
中的原型

　　我已经说过，梦的功能是一种补偿性的。这一假设意味着梦是一种正常的心理现象，它将无意识的反应或自发的冲动传递给了意识。做梦者提供了梦境意象的联想和背景，许多梦都可以在这种帮助下得到解释。通过这种方式，我们可以看到梦的各个方面。

　　这种方法适用于所有的一般情况，比如某个亲戚、朋友或病人在交谈过程中或多或少地告诉你一个梦。但是，当梦是强迫性的或高度情绪化的梦时，做梦者产生的个人联想通常无法得到一个令人满意的解释。在这种情况下，我们必须考虑到这样一个事实（弗洛伊德首次观察并评论），梦中的元素往往不是独立的，也不能从做梦者的个人经验中得到。这些元素，正如我前面提到的，就是弗洛伊德所说的"古老的残余"——这些精神形态的存在无法用个人生活中的任何东西来解释，它们似乎是原始的、先天的、遗传的人类心智的存在形式。

正如人体代表了一个完整的器官博物馆，每个器官背后都有一个漫长的进化历史。所以，我们应该会发现，心智也是以类似的方式组织的。它不可能是一个没有历史的产物，就像它存在的身体一样。我所说的"历史"并不是指思维通过语言和其他文化传统对过去的有意识的参考来建立自己的这一事实。我指的是古人生物的、史前的、无意识的心智发展，他们的心智仍然接近于动物的心智。

这种非常古老的心理构成了我们心智的基础，就像我们身体的结构是基于哺乳动物的一般解剖模式一样。经过训练的解剖学家或生物学家在我们的身体中发现了许多这种原始模式的痕迹。经验丰富的心智研究者同样可以看到现代人的梦境和原始心灵的产物之间的相似之处，它的"集体形象"和它的神话主题。

然而，正如生物学家需要比较解剖学一样，心理学家也离不开"心理比较解剖学"。换言之，在实践中，心理学家不仅必须对梦和其他无意识活动的产物有丰富的经验，而且还必须对最广泛意义上的神话有丰富的经验。如果没有这种必备品质，就无法发现一些重要的类比。例如，如果不了解强迫性神经症和经典的恶魔附身的情况，就不可能看到两者之间的类比。

我对"古老残余"的看法，我称之为"原型"或"原始图像"，一直受到那些对梦的心理学和神话学缺乏足够知识的人的批评。"原型"一词常被误解为指某些确定的神话形象或主题。但是，这些不过是有意识的表现。认为这些多变的表现可以被继承的想法是荒谬的。

原型是一种形成主题表征的倾向，这种表征可以在细节上发生很大变化，但不会失去其基本模式。例如，敌对兄弟的主题有许多代表，但主题本身是一样的。我的批评者错误地认为我是在处理"继承的表征"，因此他们将原型的想法斥为纯粹的迷信。他们没有考虑到这样一个事实——如果原型是源自我们的意识（或通过意识获得）的表征，我们当然应该理解它们，当它们出现在我们的意识中时，我们就不会感到困惑和惊讶。事实上，它们是一种本能的趋势，就像鸟类筑巢或蚂蚁形成有组织群体的冲动一样明显。

在这里，我必须澄清本能和原型之间的关系。我们所谓的本能是生理冲动，由感官感知。但与此同时，它们也在幻想中表现自己，往往只通过象征性的形象来揭示自己的存在。这些表现就是我所说的原型。没有人知晓它们从何而来。它们可以在任何时间或世界的任何地方进行繁殖，即使在不是通过直系后代传宗或通过迁徙"交叉受精"的地方。

我还记得很多人向我咨询过的一些案例，因为他们对自己或孩子的梦感到困惑。他们完全无法理解梦的含义。原因是，这些梦所包含的意象与他们能记住的或能传给孩子的任何东西都不相关。然而，这些病人中有一些受过高等教育，其中一些人本身就是精神科医生。

我清楚地记得有这样一个案例。一位教授突然产生了幻觉，以为自己疯了。他来见我时惊慌失措。我只是从书架上拿了一本有 400 年历史的古书，给他看了一幅古老的木刻画，上面描绘了他的幻觉。"你没有理由相信你疯了，"我对他说，"他们400年前就知道你的幻觉了。"于是他坐了下来，垂头丧气，但很快又恢复了正常。

我接触过一个非常重要的病例，他本人就是一名精神科医生。有一天，他给我带来了一本手写的小册子，那是他十岁的女儿送给他的圣诞礼物。册子里记录了她八岁时做的一系列的梦。它们成了我所见过的最奇怪的一系列的梦，我非常理解为什么她的父亲对它们感到极度地困惑。这些画虽然孩子气，却又离奇古怪，其中所包含的意象，父亲完全不明白是怎么来的。以下是梦境中的相关主题：

1. "恶兽"，一种长着许多角的、像蛇一样的怪物，杀死并吞食所有其他动物。但上帝从四方而来，实际上是四个独立的神，并给所有死去的动物以重生。

2. 升入天堂，庆祝异教徒的舞蹈；并堕入地狱，天使在那里行善。

3. 一群小动物吓着做梦的人。这些动物长得非常大，其中一只吃掉了这个小女孩。

4. 一只小老鼠被蠕虫、蛇、鱼和人类穿透。这样，老鼠就变成了人。这描绘了人类起源的四个阶段。

5. 当通过显微镜观察时，可以看到一滴水的样子。女孩看到水滴满是树枝。这描绘了世界的起源。

6. 一个坏男孩有一块土块，他向每个经过的人扔一小块。这样所有的路人都变坏了。

7. 一个喝醉了的女人掉进了水里，从水里出来，恢复了活力，清醒了。

8. 这一幕发生在美国，许多人被蚂蚁攻击，滚在蚂蚁堆上。做梦者惊慌失措，掉进河里。

9. 月球上有一片沙漠，做梦者在那里深深沉入地下，到达地狱。

10. 在这个梦中，女孩看到了一个发光的球。她触摸它。蒸汽从它内部散发出来。一个男人过来杀了她。

11. 女孩梦见自己病得很危险。突然，鸟儿从她的皮肤里飞出来，把她完全盖住。

12. 成群的蚊蚋遮蔽了太阳、月亮和所有的星星，只有一颗除外。一颗星星落在做梦者的身上。

在未删节的德语原著中，每个梦都以古老的童话故事开头："从前……"通过这些话，这个小做梦者暗示她觉得每一个梦都是一个童话故事，她想把它作为圣诞礼物告诉她的父亲。父亲试图从梦的背景来解释这些梦。但是他无法这样做，因为它们之间似乎没有任何的联系。

当然，这些梦可能是有意识的详尽阐述，只有对这个孩子足够了解且完全确定她的真实性的人才能排除这种可能性。（然而，即使它们只是幻想，对我们的理解仍然是一个挑战。）在这种情况下，父亲确信梦是真实的，我没有理由怀疑他。我认识这个小女孩，但那是在她把她的梦交给她父亲之前，所以我没有机会询问她的梦。她居住在国外，在那年圣诞节过后大约一年，死于一种传染病。

她的梦有特别明显的特征。它们的主要思想在概念上属于哲学范畴。例如，第一个说一个邪恶的怪物杀死其他动物，但上帝通过神圣的"万有回归"或恢复给予它们重生。在西方世界，这种观念通过基督教传统而为人所知。它可以在《使徒行传》第三章二十一节中找到："（基督）必在天上领受，直到万物复兴的时候……"早期希腊教会的神父们（例如奥利金）特别坚持这样一种观点，即在时间的终结时，一切事物都将由救赎主恢复到最初的完美状态。但是，根据《圣马太》第十七章十一节，已经有一个古老的犹太传统，以利亚"真的要先来，并恢复一切"。《哥林多前书》第十五章二十二节也提到同样的意思："在亚当里

被美洲太平洋海岸的海都印第安人视为英雄之神的乌鸦在鲸鱼的腹中——对应于在女孩的第一个梦里出现的"吞食怪物"主题。

众人都死了，在基督里众人也都要复活。"

我们可以猜想，这孩子在她的宗教教育中已经遇到过这种思想。但是，她几乎没有宗教背景。她的父母名义上是新教徒，但事实上，他们对《圣经》的了解也只是道听途说。特别不可能的是，"万有回归"的深奥意象已经被解释给了这个女孩。当然，她的父亲从来没有听说过这个神话观念。

十二个梦境中有九个受到了破坏和恢复主题的影响。这些梦都没有显示出任何基督教教育或影响的痕迹。相反，它们与原始神话关系更密切。这种关系被出现在第四个和第五个梦中的另一个主题——"宇宙起源神话"（世界和人类的创造）所证实。同样的联系在《哥林多前书》第十五章二十二节也有，我刚才引用过。在这一段中，亚当和基督（死亡和复活）也联系在一起。

救赎主基督的一般概念属于世界范围内和基督之前的主题，他是英雄和拯救者，虽然他被怪物吞食，但他再次以奇迹的方式出现，制服了吞食他的怪物。没有人知道这种图案是何时何地产生的。我们甚至不知道如何着手调查这个问题。有一点是可以肯定的，那就是每一代人似乎都把它作为一种从以前某个时代传下来的传统。因此，我们可以胸有成竹地认为，它"起源于"一个人类还不知道自己拥有英雄神话的时期。也就是说，在那个时代，他还没有意识到自己在说什么。英雄形象是自古以来就存在的一个原型。

儿童产生的原型尤其重要，因为人们有时可以非常确定儿童没有直接接触到有关的传统。在这种情况下，女孩的家庭对基督教传统的了解只是表面的。当然，基督教的主题可以用上帝、天使、天堂、地狱和邪恶等概念来代表。但是，这个孩子对待它们的方式，表明它们完全不是基督的起源。

让我们以神的第一个梦为例，他实际上是由四个来自"四角"的神组成的。什么的角落？梦里没有提到房间。一个房间甚至都不符合一个明显的宇宙事件的画面。在宇宙事件中，普遍存有介入其中。四元性（或"四元性"元素）本身是一个奇怪的想法，但它在许多宗教和哲学中扮演着重要的角色。在基督教中，它已被三位一体所取代，我们必须假定这个概念是儿童所知道的。但在今天的普通中产阶级家庭中，有谁可能知道，神圣的四位一体？这是一个在中世纪赫尔墨斯哲学的学生中曾经相当熟悉的想法，但随着 18 世纪初逐渐消失，它已经完全过时了至少 200 年。那么，小女孩是在哪里捡到它的呢？以西结的幻象？但是没有基督教教义将塞拉芬与上帝等同起来。

关于有角的蛇，也有着同样的疑问。在《圣经》中，确实有很多有角的动物——比如《启示录》中。但所有这些似乎都是四足动物，尽管它们的主人是龙，而龙在希腊语中也有蛇的意思。有角的蛇出现在 16 世纪的拉丁炼金术中，被称为四角蛇。它是水星的象征，也是基督教三位一体的反对者。但这是一个模糊的比喻。据我所知，这是一个作家写的，而这个孩子根本不知道。

在第二个梦境中，一个明显非基督教的主题出现了，它包含了对公认价值的颠覆——例如，异教徒在天堂跳舞，天使在地狱做好事。这个象征暗示了道德价值的相对性。这个孩子从哪里找到了这样一个革命性的观念呢？这可配得上尼采的天才了。

这些问题将我们引向另一个问题——这些梦的补偿意义是什么？小女孩显然非常看重这些梦，并把它们作为圣诞礼物送给了父亲。

如果做梦的人是一个原始的医药人，人们可以合理地假设它们代表了各种哲学主题的变化，如死亡、复活或恢复、世界的起源、人的创造，以及价值的相对性。但是，如果一个人试图从个人层面来解释这些梦，他可能会放弃这些难到无可救药的梦。毫无疑问，它们包含着"集体形象"。在某种程度上，它们与原始部落中即将成为人类的年轻人所接受的教义类似。在这种时候，他们了解上帝、众神或"创始"动物做了什么，世界和人是如何被创造的，世界末日将如何到来以及死亡的意义。在基督教文明中，有没有类似的暗示？有，青春期。但是，很多人在年迈的时候，在死亡即将来临的时候，又开始思考这样的事情。

恰巧，小女孩正处于这两种情况之中。她正

接近青春期，与此同时，她的生命也走到了尽头。在她的梦境中，很少或没有任何象征意义指向一个正常成人生活的开始，但有很多关于破坏和恢复的典故。的确，当我第一次读到她的梦时，我有一种不可思议的感觉，它们暗示着即将发生的灾难。我有这种感觉的原因是我从象征主义推断出的补偿的特殊性质。在那样一个年龄的姑娘的意识中，人们会看到相反的东西。

这些梦开启了关于生与死的一个崭新又可怕的方面。人们期望在一个回顾人生的老人身上找到这样的图像，而不是从一个正充满期待的孩子身上找到。它们的气氛让人想起古罗马的一句老话："生命是短暂的梦"，而不是春天的欢乐和蓬勃。正如罗马诗人所说，这个孩子的生命就像春天祭祀的誓言。经验表明，未知的死亡方式在受害者的生活和梦中投射出一种预兆（一种预期的阴影）。即使是基督教教堂的祭坛，一方面是坟墓，另一方面是复活的地方——死亡转变为永恒的生命。

这就是梦给孩子带来的想法。它们是对死亡

的一种准备，通过短篇故事表达出来，比如原始入会时讲的故事或禅宗公案。这个信息不像正统的基督教教义，而更像古代的原始思想。它似乎起源于历史传统之外的长期被遗忘的心灵来源，自史前时代以来，滋养了关于生命和死亡的哲学和宗教猜测。

这就好像未来的事件通过唤醒孩子的某些思想形态来投射它们的阴影，这些思想形态虽然通常处于休眠状态，但伴随着一个致命问题的到来。虽然它们表达自己的特定形态或多或少是个人的，但它们的总体模式是集体的。它们在任何时候、任何地方都能被发现，就像动物的本能在不同物种中千差万别，但它们的一般目的都是一样的。我们不认为每一个新生的动物都创造了自己的本能作为个体习得，我们也不应该认为每一个新生的人类都创造了他们独特的人类方式。就像本能一样，人类思维的集体思维模式是天生的，也是遗传的。当特定的时机出现时，它们在我们身上的作用几乎是相同的。

这种思维模式所属的情感表现，在全世界都

是一样的。我们甚至可以在动物身上识别它们，而动物本身在这方面也能相互理解，即使它们可能属于不同的物种。那么昆虫呢？它们有着复杂的共生功能。它们中的大多数甚至不认识它们的父母，没有人教它们。那么，为什么要假定人是唯一被剥夺了特定本能的生物，或者他的心灵毫无进化的痕迹呢？

自然地，如果你把心灵和意识联系在一起，你就很容易陷入这样一种错误的想法——人来到这个世界的时候，心灵是空的，在以后的岁月里，它只包含从个人经验中学到的东西。但精神不仅仅是意识。动物几乎没有意识，但却有许多表示精神存在的冲动和反应。原始人做了很多不知道其含义的事情。

你有可能会徒劳地询问很多文明人圣诞树或复活节彩蛋的真正意义。事实上，他们做事时并不知道自己为什么要这样做。我倾向于这样一种观点——事情通常是先做的，过了很长时间才会有人问为什么要这样做。医学心理学家经常遇到一些在其他方面都很聪明的病人，他们的行为却古怪而不可预测，他们对自己说的或做的事一无所知。他们会突然陷入自己无法解释的无理情绪之中。

从表面上看，这种反应和冲动似乎是一种亲密的个人本性。因此，我们认为它们是特殊的行为而不予理会。事实上，它们是基于一种预先形成的、准备就绪的本能系统，这是人类的特征。思想形式、易懂手势和诸多态度都遵循一种早在人类发展出反思意识之前就建立起来的模式。

甚至可以想象，人类反思能力的早期起源来自于暴力情感冲突的痛苦后果。为了说明这一点，让我来举一个例子。一个布须曼人，在他因钓不到鱼而感到愤怒而又失望的时候，勒死了他深爱的独生子，然后，当他把小尸体抱在怀里时，他感到后悔莫及。这样的人可能会永远记住这一刻的痛苦。

我们不知道这种体验是否真的是人类意识发展的最初原因。但毫无疑问，人们往往需要类似的情感体验带来的震撼，才能清醒过来，从而注意到自己正在做的事情。有一个13世纪西班牙伊达尔戈的著名案例，雷蒙·鲁尔 (Raimon Lull)，他最终 ( 经过长期地追求 ) 在一个秘密约会地点和他爱慕的女士得以会面。她默默地打开衣服，给他看她那因癌症而腐烂的乳房。这次打击改变了鲁尔的生活，他最终成为了一位杰出的神学家和教会最伟大的传教士之一。在这种突然变化的情况下，人们往往可以证明，一个原型在无意识中已经起了很长时间的作用，巧妙地安排了即将引发危机的情况。

这样的经历似乎表明，原型形式不只是静态的模式。它们是动态的因素，表现为冲动，就像本能一样是自发的。某些梦、幻象或想法会突然出现。无论人们如何认真地调查，都无法找出它们的成因。这并不意味着它们没有成因，它们肯定有。但原因是如此的遥远或模糊，人们什么都看不见。在这种情况下，人们必须等到梦和它的意义被充分理解，或者等到一些外部事件的发生来解释这个梦。

此刻的这个梦，这件事也许还在未来。但是，就像我们有意识的思想经常占据着未来和它的可能性一样，无意识和它的梦也是如此。长期以来，人们普遍认为，梦的主要功能是预测未来。在古代，直至中世纪，梦在医学预测中发挥着重要作用。我可以通过一个现代的梦来证实预测（或预知）的元素，它可以在公元 2 世纪达尔迪斯的阿尔特米多罗斯引用的一个古老的梦中找到。一个人梦见他的父亲死于一所房子的大火中。不久之后，他自己死于痰（火，或高烧），我猜想是肺炎。

碰巧我的一个同事曾经患过一种致命的坏疽热——实际上是一种粘液。他以前的一个病人，不知道他的医生得了什么病，梦见医生死于一场大火。当时医生刚进医院，病情才刚刚开始发作。做梦的人只知道这样一个事实——他的医生病了，住在医院里；三周后，医生去世了。

正如这个例子所显示的，梦可能有一种预期或预测的功能，任何试图解释它们的人都必须考虑到这一点，特别是当一个明显有意义的梦无法提供足够的背景来解释它。这样的梦经常突然出现，人们不知道是什么引发了它。当然，如果你知道它的别有用心，它的原因就一目了然了。因为只有我们的意识还不知道，而无意识似乎已经得到了信息，并已经得出了一个结论，在梦中得到了表达。事实上，无意识似乎能够检验事实并从事实中得出结论，就像意识一样。它甚至可以使用某些事实，并预测其可能的结果，只是因为我们没有意识到它们。

但只要一个人能从梦境中分辨出来，无意识便会本能地进行思考。这种区别很重要。逻辑分析是意识的特权，我们运用理性和知识进行选择。然而，无意识似乎主要受本能趋势的引导，由相应的思想形式代表——也就是原型。医生在被要求描述病程时，会使用诸如"感染"或"发烧"这样的合理概念。梦更有诗意，它用一个人的尘世居所代表病躯，用摧毁性的火焰代表发烧。

正如上面的梦所显示的那样，原型思维处理这种情况的方式与阿尔特米多罗斯时期相同。某种几乎不为人知的东西被无意识直觉地理解，并服从于原型处理。这表明，与有意识思维所应用的推理过程不同，原型思维已经介入并接管了预测的任务。因此，原型具有自己的主动性和特定能量。这些力量使它们能够产生一种有意义的解释（以它们自己的象征风格），并在给定的情况下，用它们自己的冲动和它们自己的思想形态进行干预。在这方面，它们的功能就像复合体。它们来去自如，经常以一种令人尴尬的方式阻碍或改变我们有意识的意图。

在詹姆斯·瑟伯（James Thurber）的一幅漫画中，一个怕老婆的丈夫把他的家和他的妻子视为同一个人。

当我们体验原型的特殊魅力时，我们可以感知原型的特定能量。它们似乎有一种特殊的魔力。

这种特殊的品质也是个人情结的特点。就像个人情结有其个人历史一样，原型人物的社会情结也是如此。但是，虽然个人情结只会产生一种个人偏见，但原型会创造神话、宗教和哲学，影响和描绘整个国家和历史时代。我们把个人情结看作是对片面或错误的意识态度的补偿。同样，宗教神话也可以被解释为一种精神疗法，用来治疗人类普遍的痛苦和焦虑——饥饿、战争、疾病、衰老和死亡。

例如，普遍的英雄神话总是指一个强大的人或神人，他战胜了龙、蛇、怪物、恶魔等形式的邪恶，并将他的人民从毁灭和死亡中解放出来。对神圣经文和仪式的叙述或重复，以及用舞蹈、音乐、赞美诗、祈祷和祭祀来崇拜这样一个人物，用超自然的情感（就像用魔法咒语）抓住观众，并将个人提升到对英雄的认同。

如果我们试着用信徒的眼光来看待这种情况，我们也许能理解普通人如何能从他个人的无能和痛苦中解放出来，并被赋予（至少暂时）一种近乎超人的品质。通常这样的信念会支撑他很长一段时间，并给他的生活带来某种风格。它甚至可能决定整个社会的基调。一个有名的例子可以在埃卢西尼的神秘故事中找到。这些神秘故事最终在公元 7 世纪初被压制，它们与德尔斐神谕一起表达了古希腊的精髓和精神。在更大的范围内，基督教时代本身将其名称和意义归功于古老的神人之谜，它起源于古埃及的奥西索罗斯神话原型。

人们普遍认为，在史前时代的某些特定场合，基本的神话思想是由一位聪明的老哲学家或先知"发明"的，后来被一群轻信而不加批判的人"相信"。据说，追求权力的神职人员所讲的故事并不是"真实的"，而是"一厢情愿的想法"。但是"发明"这个词来源于拉丁语"invenire"，意思是"找到"，因此通过"寻找"来找到某物。在后一种情况下，这个词本身暗示了你对将要找到的东西的某种预知。

让我回到那个小女孩梦中的奇怪想法上来。她似乎不太可能找到它们，因为她发现它们时很惊讶。在她看来，这些故事相当奇特，出人意料，似乎值得注意，可以作为圣诞礼物送给父亲。然而，在这样做的过程中，她将它们提升到仍然尚存的基督教神秘的领域——我们的主的诞生，与承载新生之光的常青树的秘密混合在一起。（这里参考了第五个梦。）

虽然有充分的历史证据证明基督和树的象征关系，但如果让小女孩的父母解释他们用燃烧的蜡烛装饰树来庆祝基督诞生的确切含义，他们会感到非常尴尬。"哦，这只是圣诞节的习俗！"他们会说。要想严肃地回答这个问题，需要深入地研究垂死之神的古代象征意义，以及它与伟大母亲和她的象征——树的关系。这仅提到了这个复杂问题的一个方面。

我们对"集体形象"（或者用教会的语言来说，是一种教条）的起源研究得越深入，我们就越能发现一个看似无穷无尽的原型模式网，在现代之前，这些模式从来都不是有意识反思的对象。因此，矛盾的是，我们对神话象征主义的了解比我们之前的任何一代人都要多。事实是，在过去，人们并不思考它们的象征。他们活在其中，无意识地被它们的意义所激励。

　　我将用我在非洲埃尔冈山的原始居民的一次经历来说明这一点。每天清晨，他们离开他们的小屋，对着手呼吸，抑或吐口唾沫到手中，然后他们伸开双臂拥抱太阳的第一缕光线，就好像他们把他们的呼吸或唾沫献给正在升起的神——mungu（这是斯瓦希里语单词，他们用来解释这个仪式行为，源自波利尼西亚词根，相当于法力或穆伦古。这些类似的术语指明了一种具有非凡效率和普遍性的"力量"，我们应该称之为神圣。因此 mungu 这个词就相当于安拉或上帝）。当我问他们这样做是什么意思，或者为什么要这样做时，他们完全懵了。他们只能说："我们一直这样做，总是在太阳升起的时候。"他们嘲笑太阳是 mungu 这个明显的结论。当太阳在地平线上时，它确实不是 mungu，mungu 是指日出的那一时刻。

　　他们在做什么，我看得很清楚，而他们却看不出来。他们就这么做了，从不反思自己的所作所为。因此，他们无法解释。我的结论是，他们把自己的灵魂奉献给了 mungu，因为呼吸（生命）

和唾沫意味着"灵魂实体"。在某物上呼吸或吐唾沫传达出一种"神奇"的效果，例如，基督用唾沫治愈盲人，或者儿子吸入临终父亲的最后一口气，以接管父亲的灵魂。即使在遥远的过去，这些非洲人也不太可能知道他们仪式的意义。事实上，他们的祖先可能知道得更少，因为他们对自己的动机更没有意识，对自己的行为考虑得更少。

歌德在《浮士德》中说得非常贴切："Im Anfang war die Tat（一开始就是行动）。""行动"从来都不是被发明出来的，而是要实践的。另一方面，思想是人类相对较晚的发现。首先，人类是被无意识的因素驱动着而行动起来的。过了很长一段时间，他们才开始思考那些驱使他们行动的原因。他们确实花了很长时间才得出一个荒谬的想法，他一定是自己驱动着自己——他们的心智除了只能识别自身的驱动力之外，无法识别其他任何的驱动力。

我们应该嘲笑植物或动物发明创造了自身这一想法。然而，有许多人相信心灵或心智发明了自己，因此它就是它自己存在的创造者。事实上，心智已经成长到现在的意识状态，就像橡子成长为橡树，或者像蜥蜴成长为爬行动物。因为它已经发展了如此漫长的时间，而且仍然在发展，因此我们被来自内部的力量和来自外部的刺激所驱动着。

这些内在的动机有一个深层的来源，它不是由意识产生的，也不受意识的控制。在早期的神话中，这些力量被称为法力，或精灵、恶魔和神。它们今天和以前一样活跃。如果它们符合我们的愿望，我们称它们为快乐的预感或冲动，并拍拍自己的背，说自己是聪明人。如果它们对我们不利，我们就说这只是运气不好，或者某些人对我们不利，或者我们不幸的原因一定是病态的。我们拒绝承认的一件事是我们依赖于我们无法控制的"权力"。

然而，在近代，文明人确实获得了一定的意志力，他可以把这种意志力运用到他想去的任何地方。他已经学会了高效地工作，而不必依靠吟诵和敲鼓来催眠他进入做事的状态。他甚至可以不用每天祷告祈求神的帮助。他可以执行他的计划。他显然可以毫无障碍地将他的想法转化为行动，而原始人似乎在每一步都被恐惧、迷信和其他看不见的障碍阻碍着行动。"有志者，事竟成"这句格言是现代人的迷信。

然而，为了坚持自己的信条，当代人为严重缺乏内省而付出了代价。他无视这样一个事实——尽管他有理性和效率，但他被自己无法控制的"权力"所控制。他的神和魔根本没有消失，它们只是换了新的名字。这些让他坐立不安，无端忧虑，产生心理并发症，对药物、酒精、烟草、食物贪得无厌，最重要的是引发一系列的神经症。

第 七 章

人的灵魂

　　我们所谓的文明意识已经与基本的本能逐渐地分离开了。但是，这些本能并没有消失。它们只是与我们的意识失去了联系，因此被迫以一种间接的方式维护着它们自己。在患有神经症的情况下，这可能是通过身体症状的方式来表现，或者通过各种各样的事件，如无法解释的情绪、意外的健忘，抑或发言中的错误。

　　一个人总爱相信他就是自己灵魂的主宰。但是，只要他不能控制自己的情绪和情感，或意识到无意识因素以千万种秘密的方式潜移默化地影响他的安排和决定，那么他肯定就不是自己的主人了。这些无意识因素的存在有赖于原型的自主性。现代人通过分隔系统来保护自己，避免看到自己的分裂状态。外界生活和他自己行为的某些部分，似乎是放置在分开的抽屉里，从来没有相互起过冲突。

关于这种所谓的隔间心理学，我记得有一个例子。一个酒鬼受到了某种宗教运动的积极影响，被它的热情所吸引，而忘记了他想要喝酒。显然，他是被耶稣奇迹般地治愈了，相应地他被视为神的恩典或上述宗教组织的效率的见证人。但是，在公开忏悔了几个星期之后，这种新鲜感开始变得苍白无力，有人似乎向他提及到了酒，于是他又喝酒了。但这一次，这个助人为乐的组织得出结论，这个病例是"病态的"，显然不适合由耶稣干预。所以，他们把他送到诊所让医生去治疗，医生会比神圣的治疗师治得更好。

这是现代"文化"思维的一个值得研究的方面。它显示出惊人的分裂程度和心理混乱。

有朝一日，如果把人类看作一个个体，我们就会看到人类就像一个被无意识的力量所支配的人。人类也喜欢把某些问题藏在不同的抽屉里。但这就是为什么我们应该对正在做的事情给予大量考虑的原因，因为人类现在正遭受到自我制造的致命危险的威胁，这些危险越发严重，超出我们的控制范围。可以说，我们的世界就像一个神

经质病人一样被分离开来，铁幕标志着象征性的
分界线。西方人意识到东方对权力的侵略意志，
认为自己被迫采取强有力的防御措施，同时他为
自己的美德和良好的意愿感到自豪。

■ "我们的世界就如同一个神经质病人一般分裂。"——柏
林墙。

　　他没有看到的是，他用良好的国际礼仪掩盖了自己的恶习，而另一边的世界却厚颜无耻地、有条不紊地把这些恶习抛到他的脸上。带着些许羞耻感（外交上的谎言、系统性的欺骗、隐晦的威胁），西方所容忍之事秘密地从东方完全公之于众，并让我们神经紧绷。正是他那邪恶的面孔对着铁幕另一边的西方人笑。

　　这种状况解释了西方社会中人们的那种特殊的无助感。他们已经开始认识到，我们所面临的困难是道德问题，而试图通过制造大量核武器的政策或通过经济"竞争"来解决这些问题的努力收效甚微，因为这样做有利也有弊。许多人现在明白，道德和精神手段会更有效，因为它们可以为我们提供精神免疫手段来抵抗不断增加的感染。

　　但结果证明，所有这些尝试都是徒劳无效的。只要我们试图说服自己和世界，只有他们（也就是我们的对手）是错的，我们就会这么做。更重要的是，我们要认真地尝试去认识自己的影子和它邪恶的行为。如果我们能看到自己的影子（我们本性的黑暗面），我们就应该对任何道德和精神上的感染和影射有免疫。就目前的情况而言，我们对每一种感染都敞开了大门，因为我们实际上和他们做的是同样的事情。只有我们有一个额外的缺点——在彬彬有礼的掩护下，我们既看不到、也不想了解我们自己在做什么。

我们可以注意到，另一边的世界有一个伟大的神话（我们称之为幻觉，徒劳地希望我们的卓越判断会使它消失）。它是黄金时代（或天堂）的一个古老的原型梦，在那里，每个人都能得到充足的一切，有一位伟大的、公正的和明智的首领掌管着这所人类幼儿园。这种强大的原型以其婴儿期的形式掌控着他们，但它永远不会从世界上消失，因为我们有优越观念。我们甚至用自己的幼稚来支持它，因为我们的西方文明也被同样的神话所控制。不知不觉中，我们都怀着同样的偏见、希望和期待。我们也相信福利国家、普遍和平、人的平等、永恒的人权、正义、真理，以及（不要说得太过大声）地球上的上帝之国。

可悲的事实是，人的真实生活是由一种无法改变的对立面组成的综合体——白天和黑夜、生

与死、幸福与痛苦、善与恶。我们甚至不确定一
个会战胜另外一个，善良会战胜邪恶，或者快乐
会战胜痛苦。生活就是战场，过去是，将来也是。
如果不是这样，一切存在就会结束。

　　每个社会都有它的天堂或黄金时代的原型，人们相信，它
　　曾经存在过，并将再次存在。一幅 19 世纪的美国画体现
　　了过去乌托邦的想法，它展示了威廉·佩恩在 1682 年与
　　印第安人在一个温馨和谐的理想环境中签订的条约。

　　正是这种内心的冲突，致使早期基督徒期望
这个世界早日结束，或使佛教徒拒绝一切世俗的
欲望和愿望。这些基本的答案如果不与构成这两
种宗教主体的特殊精神道德上的观念和实践联系

起来，那么坦率地说，它们将是灾难性的。这些观念和实践在一定程度上改变了他们对世界的极端否定。

■ 在一幅 15 世纪的法国绘画中，伊甸园被描绘成一个有围墙（和子宫一样）的花园，表现了亚当和夏娃被驱逐的情景。

我强调这一点，是因为在我们这个时代，有数百万人对任何一种宗教都失去了信仰。这些人不再理解他们的宗教。虽然没有宗教信仰的生活过得一帆风顺，但这种损失仍然没有引起人们的注意。但当痛苦来临时，那就另当别论了。这时，人们开始寻找出路，开始反思人生的意义，反思人生的困惑和痛苦。

至关重要的一点是（以我的经验来看），咨询心理医生的更多是犹太人和新教徒，而不是天主教徒。这可能是意料之中的，因为天主教会仍然认为对心灵医治（关心灵魂的幸福）负有责任。但是，在这个科学的时代，人们往往会向精神病学家询问有关曾经属于神学家领域的问题。人们认为，只要他们对有意义的生活方式或上帝和永生有积极的信仰，就会产生或将产生巨大的影响。对死亡的恐惧，常常给这种想法以强大的动力。自古以来，人们就有关于一个至高存在（一个或几个）和来世的观念。直到今天，他们才认为自己不再需要这样的想法了。

因为我们无法用射电望远镜发现上帝在天空中的宝座，也无法（肯定地）确定一位敬爱的父亲或母亲仍以某种有形的方式存在，人们就假定这样的想法是"不正确的"。我宁愿说，它们还不够"真实"，因为这些概念是一种从史前时代就伴随人类生活的概念，而且仍然会在任何一种刺激下突破到意识之中。

现代人可能会断言他们可以摒弃它们，也可能会坚持认为没有科学证据证明它们的真实性，以此来支持自己的观点。或者他们甚至可能会后悔自己的信念被推翻。但是，既然我们是在处理看不见和不可知的事情（因为上帝超出了人类的理解，没有办法证明永生），我们为什么要颇费周折地寻找证据呢？即使我们不知道食物中需要盐，我们仍可以从它的用途中获益。我们可能会说，盐的使用只是味觉上的幻觉或迷信，但它仍然有助于我们的幸福。那么，我们为什么要放弃自己的观点呢？这些观点在危机中会被证明是有益的，会赋予我们生存的意义。

我们又如何知晓这些想法不是真的呢？如果我直截了当地说这些想法可能是幻觉，许多人会同意我的观点。他们没有意识到的是，否认和断言宗教信仰一样，是不可能"证明"的。我们完全可以自由选择自己的观点。无论如何，这将是一个武断的决定。

然而，我们应该培养那些永远无法被证明的思想有一个强有力的实证理由。人们认为，它们是有用的。人确实需要普遍的观念和信念，这些观念和信念将赋予他的生命以意义，使他能够在宇宙中找到自己的位置。他能忍受最难以置信的困难，只要他相信它们是有意义的。在他所有的不幸中，当他不得不承认他正在参与一个"白痴讲的故事"时，他崩溃了。

宗教符号的作用是赋予人类生命以意义。普韦布洛印第安人相信他们是太阳之父的儿子，这种信仰赋予了他们的生活视角（和目标），远远超出了他们有限的存在。它给他们足够的空间来展现个性，并允许他们作为一个完整的人过完整的生活。他们的困境比我们文明中的任何一个人的困境都要令人满意得多。我们文明中的这个人认为自己只不过是（而且将永远是）一个失败者，他的生命没有内在的意义。

对一个人存在的更广泛的意义的认识使一个

人超越了仅仅获得和消费。如果他缺乏这种感觉，他就会迷失和痛苦。如果圣保罗相信他只不过是一个流浪的地毯编织工，他肯定不会是现在的他。他真实而有意义的生活，在于他深信自己是主的使者。人们可能会指责他狂妄自大，但这种观点在历史的见证和后人的判断面前就显得苍白无力了。他身上的神话光环让他变得比单纯的工匠更加伟大。

然而，这样一个神话，包含了一些并非有意识发明出来的符号。它们已经发生了。创造神人神话的不是耶稣这个人。在他出生之前，它已经存在了好几个世纪。他自己也被这种象征思想所吸引，正如圣马可所说，这种思想使他摆脱了拿撒勒木匠那种狭隘的生活。

神话可以追溯到原始的故事讲述者和他的梦，追溯到被他们的幻想所感动的人。这些人与后世所称的诗人或哲学家并无太大区别。原始的故事讲述者并不关心他们幻想的起源。很久以后，人们才开始思考故事的起源。然而，在几个世纪以前，在我们现在所称的"古代"希腊，人们的思想已经发展到足以推测诸神的故事只不过是关于埋葬已久的国王或首领的那些古老而夸张的传统风俗。人们已经认为，这个神话委实无法说明它的意思。因此，他们试图把它简化为一种普遍可以理解的形式。

在近段时间里，我们看到同样的事情发生在梦的象征意义上。在心理学还处于初级阶段的那些年，我们开始意识到梦的重要性。但是，正如希腊人说服自己，他们的神话只不过是对理性或"正常"历史的阐述一样，一些心理学先驱也得出了这样的结论——梦并不像它们表面上看起来的那样。它们呈现的图像或符号被认为是奇怪的形式，在这些形式中，精神的压抑内容出现在有意识的头脑中。因此，人们理所当然地认为，梦除了其显而易见的表述外，还有别的含义。

我已经描述了我对这个观点的不同意见，这种不同意见促使我研究梦的形式和内容。为什么它们的意思要与内容不同？自然界中还有什么东西不是它本身吗？梦是一种正常而自然的现象，它并不意味着它不是它本身。塔木德甚至说："梦是它自己的解释。"混淆的出现是因为梦的内容是象征性的，因此有不止一种意义。这些符号所指向的方向与我们在意识中所理解的不同。因此，它们与无意识或至少不是完全有意识的东西有关。

对于信奉科学的人来说，这种象征性思想的现象着实令人心生厌恶，因为它们不能以一种理性和逻辑性的方式来表述。这绝不是心理学中唯一的例子。麻烦始于"情感"或情感现象，这让心理学家无法用一个结论性的定义来确定它。在这两种情况下，造成困难的原因是相同的——无意识的干预。

我熟知大量的科学观点，知道要处理不能完全或充分掌握的事实是最令人生烦的。这些现象的问题在于，事实是不可否认的，但又不能用知识的术语来表述。因为这个人必须能够理解生活本身，因为是生活产生了情感和象征思想。

学术心理学家完全可以自由地从他的思考中剔除情感现象或无意识的概念（或两者）。然而，医学心理学家至少要对这些事实给予足够的关注，因为情感冲突和无意识干预是其研究学科的典型

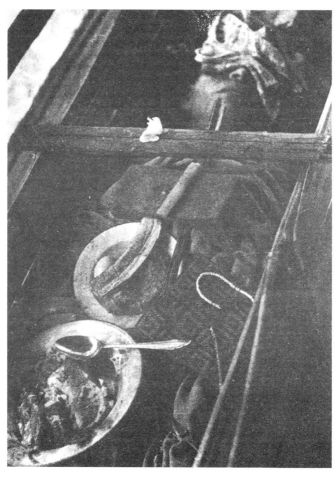

■ 一个南美部落的船葬仪式。死者被安置在他自己的独木舟上，而且人们为他的旅程提供了食物和衣服。

特征。如果他真的要治疗一个病人，他就会把这些不合理的事情当作确凿的事实来面对，不管他是否有能力用理智的术语来阐述它们。因此，很自然，没有医学心理学家经验的人很难理解，当心理学不再是科学家在实验室里的一种宁静的追求，而成为现实生活冒险的一个积极部分时，将会发生什么。靶场打靶的训练仍与实战有较大差距，所以医生必须在真正的战争中处理伤员。即使他无法科学地定义心灵的现实，但他必须关注它们。这就是为什么没有一本教科书可以教授心理学，只有通过实际经验才能学到东西。

当我们研究某些众所周知的符号时，我们可以清楚地看到这一点：

例如，在基督教中，十字架是一个有意义的象征，表达了不同的层面、思想和情感。但是，名单上名字后面的叉只表示这个人已经去世了。在印度教中，阳具是包罗万象的象征，但如果一个街头顽童在墙上画了阳具，那只会反映出他对阳具的兴趣。因为婴儿和青少年时期的幻想经常会持续到成年生活，所以很多梦中都有明确无误的性暗示。倘若把它们理解成别的东西，便显得很荒谬。但是，当一个泥瓦匠谈到僧侣和修女之间的相互指责时，或者一个电工谈到男插头和女插座时，如果认为他沉溺于炽热的青春期幻想，那就太可笑了。他只是在他的语言中使用了色彩鲜艳的描述性名称。当一个受过教育的印度教徒跟你谈论林伽（印度教神话中代表湿婆神的阳具）时，你绝对不会听到我们西方人会把它和阳具联系起来。林伽当然不是一个淫秽的典故，十字架也不仅仅是死亡的标志。这在很大程度上取决于做梦者的成熟度。

　　解读梦境和符号需要智慧。它不可能变成一个机械系统，然后塞进没有想象力的大脑。它既要求做梦者对自己的个性有更多的了解，也要求解梦者有更多的自我意识。在这一领域有经验的工作者大都认为，有一些经验法则是有用的，但必须谨慎而又巧妙地运用它们。一个人可能遵循着正确的规则，但却陷入最可怕的困境，仅仅是因为忽略了一个看起来不重要的细节。更聪明的智者是不会错过这个细节的。即使是一个智慧绝伦的人，也可能因为缺乏直觉或感觉而误入歧途。

当试图理解符号时，我们面对的不仅是符号本身，而且是产生符号的个体的整体性。这包括对他的文化背景的研究，在这个过程中，可以学习到许多其他领域的知识。我已经习惯把每一个案例都当作一个全新的命题来研究，而我甚至对它一无所知。当一个人在处理表面问题时，日常经验可能是实用且有益的。但是，一旦一个人接触到关键问题，生活本身便接管了日常经验，即使是最辉煌的理论基础也成为无效的文字。

想象力和直觉对我们的理解至关重要。虽然通常的流行观点认为它们主要对诗人和艺术家有价值（在"明智"的问题上，人们应该不信任它们），但事实上，它们在所有高阶科学学科中都同样重要。在这里，它们发挥着越来越重要的作用，补充了"理性"智力及其在特定问题上的应用。即使是所有应用科学中最严格的物理学，也在很大程度上依赖于直觉，而直觉是通过无意识的方式起作用的（尽管后来有可能证明逻辑程序可以导致与直觉相同的结果）。

在解释象征时，直觉几乎是不可或缺的，它可以确保做梦者立即理解其含义。但是，虽然这种幸运的预感在主观上可能令人信服，但它也可能相当危险。它很容易导致一种错误的安全感。例如，它可能会诱使解梦者和做梦者保持一种舒适和相对轻松的关系，这可能会以某种共同的梦境结束。如果一个人满足于通过"预感"获得理解的模糊满足感，那么真知和道德理解的基础就会丢失。只有当一个人把直觉简化为对事实及其逻辑联系的确切认识时，他才能解释和知道。

作为一个诚实的研究者，他必须得承认不可能总是这样做，但忘记这一点就是不诚实。即使是科学家，他也是人。因此，他和其他人一样，很自然地厌恶他无法解释的事情。认为我们今天所知道的就是我们所能知道的一切，这是一种常见的错觉。没有什么比科学理论更脆弱的了，科学理论只是解释事实的一种短暂尝试，本身并不是永恒的真理。

第 八 章

象征的作用

当医学心理学家对象征感兴趣时，他主要关注的是有别于"文化"象征的"自然"象征。"自然"象征来源于心灵的无意识内容，因此它们代表了大量的基本原型形象的变化。在许多情况下，我们仍然可以追溯到它们古老的根源——即在最古老的记录和原始社会中我们所见到的思想和形象。另一方面，文化象征是用来表达"永恒的真理"，它们仍然在许多宗教中使用。它们经历了许多转变，甚至经历了一个有意识发展的漫长过程，从而成为文明社会所接受的集体形象。

尽管如此，这些文化象征仍然保留了它们最初的神秘感或"符咒"。我们知道，它们可以唤起某些个体的深层情感反应，这种精神上的负担使它们的功能与偏见非常相似。它们是心理学家必须考虑的因素，因为从理性的角度看，它们似乎是荒谬的或无关紧要的，所以对它们不屑一顾是愚蠢的。它们是人类精神构成的重要组成部分，是人类社会建设的重要力量。如果要消灭它们，就会造成严重的损失。当它们被压抑或忽视时，它们的特定能量就会消失在无意识中，产生难以估量的后果。似乎以这种方式丢失的精神能量实际上是为了复活和强化无意识中最重要的东西——也许，迄今为止它们还没有机会表达自己的倾向，或者至少没有被允许在我们的意识中无拘无束地存在。

这种倾向在我们的意识中形成了一个永远存在的、具有潜在破坏性的"阴影"。甚至在某些情况下可能产生有益影响的倾向在受到压抑时也会变成恶魔。这就是为什么许多善意的人惧怕无意识，也惧怕心理学，这是可以理解的。

我们的时代已经证明了打开冥界之门意味着什么。在本世纪头十年田园诗般的和平时期，没有人能想象到的事情发生了，并使我们的世界发生了翻天覆地的变化。从那以后，世界就一直处于精神分裂的状态。不仅文明的德国抛弃了可怕的原始，俄罗斯也被它统治，非洲也水深火热。

难怪西方世界会感到惶恐不安。

现代人不明白他们的"理性主义"（它已经摧毁了他们对精神象征和思想的反应能力）在多大程度上已经把他们置于精神"冥界"的摆布之下。他们已经把自己从"迷信"中解放出来（至少他们是这么认为的），但在这个过程中，他们失去了自己的精神价值，而且已经到了相当危险的程度。他们的道德和精神传统已经瓦解。他们在世界范围内迷失方向和四分五裂，正在为这种瓦解付出代价。

人类学家经常描述当一个原始社会的精神价值受到现代文明的冲击时会发生什么。它的人民失去了生活的意义，社会组织瓦解了，他们自己也道德败坏了。我们现在的情况是一样的。但我们从来没有真正理解我们失去了什么，因为不幸的是，我们的精神领袖更感兴趣的是保护他们的制度，而不是理解象征所呈现的神秘。在我看来，信仰包涵思想（这是人类最强大的武器），但不幸的是，许多信徒似乎如此惧怕科学（顺便也惧怕心理学），他们对永远控制人类命运的超自然力量视而不见。我们已经剥去了一切事物的神秘，没有什么是神圣的了。

在早期，当本能的概念在人类的头脑中涌现时，他们的意识无疑能将它们整合成一个连贯的精神模式。但是，"文明人"再也无法做到这一点了。他们的"先进"意识已经剥夺了吸收本能和无意识的辅助贡献的手段。这些同化和融合的器官是神圣的象征，被一致认为是神圣的。

例如，今天我们谈论"物质"。我们描述它的物理性质。我们在实验室里进行了实验来证明它的一些方面。但是"物质"这个词仍然是一个枯燥的、非人的、纯粹的智力概念，对我们来说没有任何精神上的意义。从前的物质形象——伟大的母亲——是多么不同，它可以包含和表达地球母亲深刻的情感意义。同样地，曾经是精神的东西，现在被认作是理智，因而不再是万有之父。它已经退化为人们有限的自我思想。"我们的天父"形象所表达的巨大情感能量消失在智力沙漠的沙石里。

这两个典型原则构成了东西方制度强烈反差

的基础。然而，群众和他们的领导人没有意识到，像西方那样称世界原则为男性和父亲（精神），或像共产党人那样称女性和母亲（物质），这两者之间并没有实质性的区别。从本质上讲，我们对两者都一样知之甚少。在早期，这些原则在各种各样的仪式中受到崇拜，这至少表明了它们对人类的精神意义。但是，现在它们已经变成了抽象的概念。

随着科学认识的不断发展，我们的世界变得失去人性。人类感到自己在宇宙中是孤立的，因为他不再参与自然，失去了与自然现象的情感"无意识的认同"。这些已经慢慢失去了它们的象征意义。雷霆不再是愤怒之神的声音，闪电也不再是它的复仇飞弹。没有河流蕴含着精灵，没有树木是人的生命法则，没有蛇是智慧的化身，没有山洞是大魔王的家。现在石头、植物和动物都不再发声和人类说话了，人类也不再相信它们能听见。他们与自然的接触消失了，这种象征性的联系所提供的深刻的情感能量也随之消失了。

这个巨大的损失被我们梦想中的象征所补

偿。它们唤醒了我们的原始本性——本能和独特的思维。然而，不幸的是，它们用自然的语言来表达它们的内容，这对我们来说是奇怪的，也是不可理解的。因此，我们面临的任务是把它们翻译成现代语言的理性词汇和概念，现代语言已经从原始的束缚中解放出来——特别是从它所描述的事物的神秘参与中解放出来。如今，当我们谈论鬼魂和其他令人神往的人物时，我们不再把它们想象出来。这种曾经强有力的话语的力量和荣耀都被榨干了。我们不再相信魔法公式，也没有太多禁忌和类似的限制。我们的世界似乎已经清除了所有诸如"女巫、术士和苦恼"之类的"迷信"人物，更不用说狼人、吸血鬼、<u>丛林之魂</u>和所有其他居住在原始森林中的奇异生物了。

更准确地说，我们这个世界似乎已经清除掉了所有的迷信和非理性因素。然而，人类真实的内心世界（不是我们的幻想）是否也从原始中解放出来，则是另一个问题。13 这个数字对很多人来说还不是禁忌吗？不是还有很多人被非理性的偏见、投射和幼稚的幻想所迷惑吗？人类思维的现实图景揭示了许多这样的原始特征和幸存者，它们仍然发挥着它们的作用，就像在过去的500年里什么都没有发生过一样。

理解这一点是大有必要的。一个现代人实际上是在漫长的智力发展过程中获得的各种特征的奇特混合体。这个混乱的存在就是我们必须处理的人和他的象征，我们必须非常仔细地检查他的精神产物。在他身上，怀疑论和科学信念与陈旧的偏见、过时的思维和感觉习惯、顽固的误解和盲目的无知并存。

这些就是当代人类产生的心理学家研究的象征。为了解释这些象征和它们的意义，了解它们的表现是纯粹的个人经验，还是梦出于特定目的从大量的一般意识知识中选择了它们是至关重要的。

例如，一个梦中出现了数字13。问题是做梦的人自己是否习惯性地相信数字是不吉利的，还是这个梦仅仅暗示了那些仍然沉迷于这种迷信的人。答案对解释有很大的不同。在前一种情况下，你必须考虑到这个人仍然被不幸的13所迷惑，因此在酒店的13号房间或与13个人坐在一起会感到最不舒服。在后一种情况下，13 可能只是一个不礼貌的或侮辱性的评论。"迷信"的做梦者仍然感受到 13 的"诅咒"，更"理性"的做梦者已经去掉了 13 最初的情感色彩。

这个论点说明了原型在实际经验中出现的方式——它们同时是图像和情感。只有当这两个方面同时存在时，我们才能谈论原型。如果只有图像，那么就会有一个简单的文字图像。但通过倾注情感，图像便获得了灵性（或精神能量）。它是动态的，必然会产生某种结果。

我知道很难理解这个概念，因为我试图用语言来描述一些本质上无法精确定义的东西。但由于许多人选择将原型视为可以通过死记硬背学习的机械系统的一部分，因此有必要坚持认为它们不仅仅是名称，甚至不仅仅是哲学概念。它们是生活本身的组成部分——通过情感的桥梁与活着的个体完整地连接在一起的图像。这就是为什么不可能对任何原型给出任意的（或普遍的）解释。它必须用它所涉及的特定个体的整个生活状况所表明的方式来解释。

　　因此，对于虔诚的基督徒而言，只有在基督教的背景下才能解释十字架的象征——除非梦强烈地想去探究它本身之外的部分。即使这样，具体的基督教含义也应该牢记在心。但我们不能说，在任何时候，在任何情况下，渣滓的象征都具有相同的意义。如果是这样的话，它就会失去它的灵性，失去它的活力，而仅仅成为一个词语。

　　那些没有意识到原型的特殊情感基调的人，最终得到的只是一堆混乱的神话概念。这些概念可以串在一起，表明一切意味着任何事物——或者什么都没有。世界上所有的尸体在化学上都是一样的，但活着的人却不一样。只有当一个人耐心地试图发现它们为什么以及以何种方式对活着的个体有意义时，原型才会有生命。

　　当你不了解词语的含义时，使用它们是徒劳的。在心理学中尤其如此，比如我们谈到的原型，如女性意象和男性意象、智者、伟大的母亲等。你可以了解所有的圣人、圣贤、先知和其他敬虔的人，以及世界上所有伟大的母亲。但如果它们仅仅是你从未体验过的神秘图像，你就会像在梦中说话，因为你不知道你在说什么。你所使用的语言将是空洞的，也是毫无价值的。只有当你考虑到它们的上班和放假时，它们才会获得生命和意义，它们与活着的个体的关系。只有到那时，你才开始明白，它们的名字意义不大，而它们与你的关系才是最重要的。

因此，我们的梦产生象征的功能是试图将人的原始思维带入"高级"或差异化的意识中。在那里，它从未出现过。因此，它从未受到批判性的自我反思。因为在久远的年代里，最初的心灵就是人的全部人格。当他有了意识，他的意识就失去了一些原始的精神能量。而有意识的头脑从来就不了解那最初的头脑。因为它在进化的过程中被丢弃了，在进化的过程中，只有非常与众不同的意识才能意识到它。

然而，我们所谓的潜意识似乎保留了构成原始心智一部分的原始特征。梦的象征不断地指向这些特征，就好像潜意识试图把头脑在进化过程中释放出来的所有旧东西——幻觉、幻想、古老的思想形式、基本的本能等等——都带回来。

这就是为什么人们在接近无意识的事物时经常会有所抗拒，甚至产生恐惧的感觉。这些残留的内容不单单是中立或冷漠的。相反，它们的能量非常强大，以至于它们往往令人不适，而且会引起真正的恐惧。它们越是被压抑，就越会以神经症的形式扩散到整个人格中。

正是这种精神能量赋予了它们如此重要的意义。这就好像一个经历了一段时间的无意识的人突然意识到他的记忆中有一个缺口——重要的事件似乎已经发生了，但他却不记得了。就他的假设而言，心灵完全是个人之事（这是通常的假设），他将试图找回已经丢失的婴儿记忆。但他童年记忆中的空白只是损失更严重的症状——原始心灵的损失。

当胚胎身体的进化重复着它的史前时期，大脑也经历了一系列史前时期的发展阶段。梦的主要任务是带回一种对史前和婴儿世界的"回忆"，一直到最原始的本能。正如弗洛伊德很久以前所看到的那样，这样的回忆在某些情况下可以有显著的治愈效果。这一观察证实了一个观点，即婴儿记忆缺口（所谓的健忘症）代表着积极的损失，它的恢复可以增添生机和幸福。

由于儿童的身体很小，其有意识的思想不多而又简单。我们没有意识到婴儿思维的深远复杂性，这些复杂性是建立在其与贯穿历史的精神的原始同一性的基础上的。就像人类的进化阶段存在于胚胎中一样，"原始思维"在儿童中仍然存在并发挥着作用。如果读者还记得我前面说过的关于一个把自己的梦作为礼物送给父亲的孩子的梦，他就会很容易理解我的意思。

在婴儿健忘症中，人们会发现一些奇异的神话片段，这些片段也经常出现在后来的精神病病人中。这类图像具有高度的精神性，因此非常重要。如果这些回忆在成年后再次出现，在某些情况下可能会引起严重的心理障碍，而在另一些人身上，它们可能会产生治愈或宗教皈依的奇迹。它们往往能带回遗失已久的生活片段，而这些片段赋予了人们生活目标，从而丰富了人们的生活。

对婴儿记忆的回忆和心灵行为的原型方式的再现可以创造一个更宽阔的视野和更广的意识延

伸——前提是一个人成功地在意识中吸收和整合那些已失去的和重新获得的内容。因为它们不是中性的，它们的同化会改变他们的性格，就像他们自己必须经历某些改变一样。这个被称为"个性化过程"的部分，对象征的解释起着重要的实际作用。因为这些象征是自然的尝试，以调和和重新统一心灵中的对立。

自然地，仅仅看到之后就把这些象征置之一边不会产生这样的效果，而只会重建旧的神经状态，破坏了合成的尝试。但是，不幸的是，那些少数承认原型存在的人，几乎总是把它们仅仅当作文字，而忘记了它们活生生的现实。当它们的灵性被这样（非法地）放逐，无限替代的过程就开始了——换句话说，一个人很容易地从一个原型滑向另一个原型，一切都意味着一切。原型的形式在相当大的程度上是可以交换的，这是完全正确的。但是，它们的神秘仍然是一个事实，并且代表了一个原型事件的价值。

这种情感价值必须牢记在心，并在整个解梦的智力过程中予以考虑。失去这种价值太容易了，因为思考和感觉是截然相反的，思考几乎自动地抛弃了感觉的价值，反之亦然。心理学是唯一一门必须考虑到价值因素（即感觉）的科学，因为它是物理事件和生活之间的联系。人们经常指责心理学在这方面是不科学的，但它的批评者未能理解适当考虑感觉的科学和实践必要性。

第 九 章

消除分歧

　　我们的智慧创造了一个主宰自然的新世界，各种巨型的机器充斥其间。这些机器无疑是有用的，我们甚至看不到摆脱它们或屈从于它们的可能性。人类必然会遵循科学和发明思维的冒险提示，并为自己的辉煌成就而钦佩不已。与此同时，人类的天才表现出一种不可思议的倾向，即发明越来越危险的东西，因为它们代表着越来越先进的大规模自杀手段。

　　考虑到世界人口的迅速增加，人类已经开始寻找方法和手段来阻止日益增长的滔天洪水。但是，大自然可能会通过反对人类自己的创造性思维来预见我们所有的企图。例如，氢弹可以有效地阻止人口过剩。尽管我们以支配自然为荣，但我们仍然是自然的受害者，因为我们甚至还没有学会控制自己的自然。慢慢地，但似乎不可避免地，我们正在招致灾难。

我们再也找不到神来帮助我们了。世界上各大宗教都患有日益严重的贫血症，因为有帮助的守护神逃离了森林、河流和山脉，逃离了动物，而神人则消失在地下，失去了意识。在那里，我们欺骗自己，认为他们在我们过去的遗迹中过着不光彩的生活。我们现在的生活被理性女神主宰，她是我们最伟大和最悲剧的幻觉。我们确信，凭借理性的帮助，我们"征服了自然"。

但这仅仅是一个口号，因为所谓征服自然使我们面对人口过多的自然事实，并使我们在作出必要的政治安排方面的心理无能增加了我们的麻烦。人们互相争吵，争夺优势，这是很自然的事情。那么，我们是如何"征服自然"的呢？

因为任何改变都必须从某个地方开始，只有个人才能体验它并完成它。改变必须从个人开始，可能是我们中的任何一个。谁也不能环顾四周，等着别人去做他自己不愿意做的事情。但是，由于似乎没有人知道该做什么，我们每个人都应该问问自己，他或她的无意识是否有可能知道一些对我们有帮助的事情。当然，意识似乎无法在这方面做任何有用的事情。今天的人类痛苦地认识到这样一个事实，即他那伟大的宗教和各种各样的哲学似乎都不能给他提供那些强大而有活力的思想，使他在面对目前的世界状况时得到他所需要的安全感。

我知道佛教徒会说什么——只要人们遵循佛法的"八正道"，有真知灼见，事情便会好转。基督徒告诉我们，只要人们相信上帝，我们就会有一个更好的世界。理性主义者坚持认为，如果人们是聪明和理性的，我们所有的问题都将是可控的。问题是，他们没有一个人能够自己解决这些问题。

基督徒经常问，为什么上帝不跟他们说话，因为他们相信上帝在以前是这样做的。当我听到这样的问题时，我总是想起一位拉比，有人问他，为什么上帝在过去经常向人们展示自己，而现在却没有人看到他。拉比回答说道："现在没有人能鞠躬鞠得够低了。"

这个答案一针见血。我们被我们的主观意识所迷惑和纠缠，以至于我们忘记了一个古老的事实——上帝主要通过梦和幻象来说话。佛教徒把无意识的幻想世界当作无用的幻想而抛弃。基督徒把他的教会和圣经放在自己和无意识之间。理性的知识分子还不知道他的意识不是他的全部精神。尽管 70 多年来无意识一直是任何严肃的心理研究都不可或缺的基本科学概念，但这种无知一直持续到今天。

我们再也不能像全能的上帝那样自诩为自然现象优劣的裁判员了。我们的植物学不是建立在把植物分成有用和无用的老式方法上，动物学也不是建立在把动物分为无害和危险的幼稚方法上。但我们仍然沾沾自喜地认为，意识就是感觉，而无意识便是无稽之谈。在科学上，这样的假设会被一笑置之。例如，微生物是有意义的还是没有意义的？

无论无意识是什么，它都是一种产生有意义的象征的自然现象。我们不能指望一个从来没有看过显微镜的人成为微生物方面的权威人士。同样，没有认真研究过自然象征的人，在这个问题上也不可能被认为是一个称职的法官。但是，人们对人类灵魂的普遍低估是如此之大，以至于伟大的宗教、哲学和科学理性主义都不愿意重新审视它。

尽管天主教会承认梦是上帝送来的，但大多数的思想家并没有认真地尝试去理解梦。我怀疑是否有一篇新教论文或教义会屈尊到承认"天之声"可能在梦中被感知的地步。但是，如果一个神学家真的相信上帝，他凭什么权威说上帝不能通过梦说话？

我耗费了半个多世纪的时间来研究自然象征，得出的结论是梦和它们的象征并不愚蠢和无意义。相反，梦为那些不厌其烦地理解梦的象征的人提供了最有意思的信息。诚然，其结果与诸如买卖这样的世俗问题没有什么关系。但是，人生的意义并不能用一个人的商业生活来详尽地解释，也不能用一个银行账户来回答人类内心深处的渴望。

在人类历史上把所有的精力都倾注在研究自然上的时期，人们对人的本质，即人的精神的研究却很少，尽管人们对人的意识功能进行了很多研究。但是，产生象征的心智中真正复杂和陌生的部分，实际上仍未被探索。令人难以置信的是，虽然我们每天晚上都能接收到它发出的信号，但破译这些通信信息对除了极少数人之外的任何人来说都太过乏味，以至于没有人愿意为此烦恼。人类最伟大的工具，他的心灵，很少被人想到，它往往是直接不被信任和被鄙视。"这只是心理上的"往往意味着这没什么。

这种巨大的偏见究竟从何而来？显然，我们一直忙于思考这个问题，以至于完全忘记了问一问无意识的心灵是怎么看待我们的。西格蒙德·弗洛伊德的思想证实了大多数人对心理的蔑视。在他之前是这样。仅仅被忽视，它现在已经变成了道德垃圾的垃圾场。

这种现代观点肯定是片面和不公正的。它甚至不符合已知的事实。我们对无意识的实际认识表明，它是一种自然现象，而且就像自然本身一样，它至少是中性的。它包含了人性的方方面面——光明与黑暗、美丽与丑陋、善良与邪恶、深刻与愚蠢。对个人和集体象征主义的研究是一项巨大的任务，也是一项尚未被掌握的任务。但现在终于有了一个开端。早期的结果是令人鼓舞的，它们似乎为当今人类许多迄今尚未解答的问题提供了答案。